KB263524

BT
REPORT

CAR TUNING

국내외 자동차튜닝 산업분석보고서 2022개정판

저자 비피기술거래 비피제이기술거리

㈜ 비티타임즈

01

서론

1. 서론

우리는 진정한 의미의 '튜닝'을 접해 본 적이 있을까?

무더운 여름날 열어 놓은 창문 밖으로 들려오는 배기음은 가히 '굉음'이라는 표현이 무색하지 않고, 반대편 차량의 전조등 불빛으로 순간적으로 시야가 막혀 인상이 찌푸려지던 날도 있었다.

모두 불법 튜닝으로 인한 피해다. 누구나 일상에서 한 번쯤은 겪어 봤을 법한 이러한 상황들은 자연스레 우리에게 '튜닝은 불법'이라는 인식을 심었다. 진정한 의미를 지닌 튜닝은 우리의 옷깃을 스치지도 못한 채 붉은 낙인이 찍혀 버렸다.

부정적인 인식과 각종 규제 속에 우리나라 자동차 튜닝 산업은 불모지로 남았다. 국제적으로 인기 스포츠인 F1이 빚만 남기고 중단된 사례가 이를 여실히 반증한다. 하지만 주요 자동차 생산국이면서 선진 튜닝 산업 국가인 나라들은 상황이 다르다. 브랜드명을 읊기만 해도 대중과 시장 내에서의 위치를 확인할 수 있음과 동시에 자연스레 고성능을 담보하는 네이밍임을 체감할 수 있다.

이제 튜닝은 제3의 자동차 산업으로 자리를 잡았고, 선진국들은 그 기술력으로 소비자들에게 신뢰도를 바탕으로 한 찬사를 받아왔다. 실제로 전 세계 튜닝시장 규모는 세계 조선업 시장규모인 100조 원을 넘어선 것은 오래전의 일이다.

그렇다면, 튜닝을 무기로 글로벌 시장 경쟁에서 앞질러나가는 해외 국가들과는 달리, 세계 7대 자동차 생산국의 일원인 한국이 이 레이스에서 뒤처진 까닭은 무엇일까.

본서에서는 사회 전반에 만연했던 인식들, 구체적 규제 및 별도 인증제도의 부재, 소비자 보호 장치 미흡 등 튜닝 시장 활성화에 큰 걸림돌로 뿌리내려 취약했던 제도적 기반을 분석하고, 최근 규제 개혁이 불어넣은 활기로 사기 진작될 판도를 예측해보며 국내 튜닝 시장에 진출할 기업들과 튜닝에 입문하고 싶은 독자들에게 도움이 되고자 한다.

02

자동차 튜닝의 개요

2. 자동차 튜닝의 개요
가. 튜닝의 의의

Tuning, 우리말로 해석하면 '조율'이라는 뜻을 가지고 있는 이 단어는 흔히 피아노의 음을 맞출 때 쓰였던 표현에서 비롯되었으며, 악기의 주인은 악기가 제 본연의 음색을 표현할 수 있도록 세심히 조율을 하듯이 자동차 또한 운전자의 기호와 목   적에 따라 외관이나 성능 등을 개선하기 위해 차를 정성스레 손보는 것을 같은 이치로 빗댈 수 있겠다.

자동차 성능개조, 자동차 개성화, 자동차 꾸미기, 자동차 개성맞춤 등으로 다르게 불리기도 하며 외국의 경우 'Detuning'이라는 단어를 활용하는 경우도 있다.

자동차의 성능적인 부분에 대한 개조나 도색 및 랩핑, 인테리어를 위한 디자인 변경 등 변화를 주기 위해 자동차에 실행하는 모든 행위를 튜닝으로 인식하기 때문에 튜닝은 그 범주가 광범위하여 어떠한 기준으로 구분하느냐에 따라 그 작업들이 묶이는 집합들이 달라진다.

먼저 국내에서 가장 대표적인 분류라고 꼽을 수 있는 국토교통부와 교통안전공단에서 공동으로 규정한 튜닝의 분류는 빌드업 튜닝(Build Tuning) / 튠업 튜닝(Tune Up Tuning) / 드레스업(Dress Up Tuning) 튜닝으로 나누어진다.

어느 부분에 강화 비중을 크게 두느냐에 따른 분류도 존재한다. 심미성을 향상하기 위해 외관을 개선하는 드레스업 튜닝(Dress Up Tuning)과 자동차의 성능을 강화하는 메커니즘 튜닝(Mechanism Tuning), 파워업 튜닝(Power Up Tuning), 퍼포먼스 튜닝 (Performance Tuning)이 그 분류이다.

튜닝 종류는 등록여부에 따라서도 나닐 수 있는데, 자동차를 제작 시 고객의 사전 요청에 의하여 자동차 제작자가 자동차등록 전 튜닝을 하는 **자동차제작사 튜닝**과 자동차 등록 후 차량의 소유주가 직접 튜닝을 하는 **자동차소유자 튜닝**이 그 예이다.

마지막으로, 국내 법규에 따른 튜닝의 정의를 살펴보자면, 국가교통부에서 고시한 「자동차관리법」에 의거한 튜닝의 의의는 "자동차의 구조, 장치의 일부를 변경하거나 자동차에 부착물을 추가하는 것"이라고 정의하고 있다.
쉽게 말하면, 튜닝은 나라에 정식적으로 등록된 차량을 소유자가 개인적인 취향 및 사용 목적에 맞춰 자동차의 구조 및 장치를 변경하는 작업 행동 전체로 해석할 수 있다.

그렇다면, 튜닝의 진정한 의미란 무엇일까? 대다수의 독자들은 '자동차 머플러 튜닝'이라고 하면 가장 먼저 도로를 꽉 채우   는 찢어 질 듯한 배기 음을 떠올릴 것이다.

　　튜닝은 곧 차 구조장치의 교체라고 할 수 있는데, 여기서 교체라는 단어를 선택한 것은 튜닝의 핵심 성질인 '향상성'을 부각시키기 위함이다.

　　단순한 머플러의 교체 시각으로 바라본다면 그저 자동차 안에 장착되어 있던 기존의 머플러를 신품 머플러로 교환하였다는것과 별반 다르지 않게 다가온다. 그러나 차주가 머플러의 교체를 차량의 출력 향상을 목적으로 하였고, 실제 자동차의 출력값이 상승하였다면, 이는 단순한 부품 교체 행위가 아닌 '튠 업'이 이루어진 것이고, 이를 우리는 비로소 머플러를 '튜닝'하였   다고 말할 수 있다.
　　반대로, 성능과 안전도가 저하될 우려가 있는 경우의 개조를 튜닝이라고 일컬을 수 없으며 이러한 행위는 튜닝의 의의는 물론, 허용 범위에 포함될 수 없는 것 또한 이와 같은 이유 때문이다.

나. 자동차 튜닝 활성화 배경

1) 개인의 구조 및 장치 변경 욕구 증대

국내 자동차 대수가 2019년에는 전체 등록대수가 2,368대 등록하였으나, 20년에는 전체 2,437만 대 등록하여 전년 대비하여 등록대수 증가율은 1.45배에 달하였다. 신규 등록 자동차는 19년 180만 대에서 20년 191만 대로 증가하였는데 신차 출시 효과 및 개소세 인하효과 등이 작용한 것으로 분석하였다. 또한, 친환경자동차로 분류되는 전기, 하이브리드, 수소자동차는 82만 대로 전체에서 차지하는 비중(3.4%)이 전년(2.5%) 보다 0.9% 증가하였으며, 등록비중이 매년 증가하는 추세가 있다.

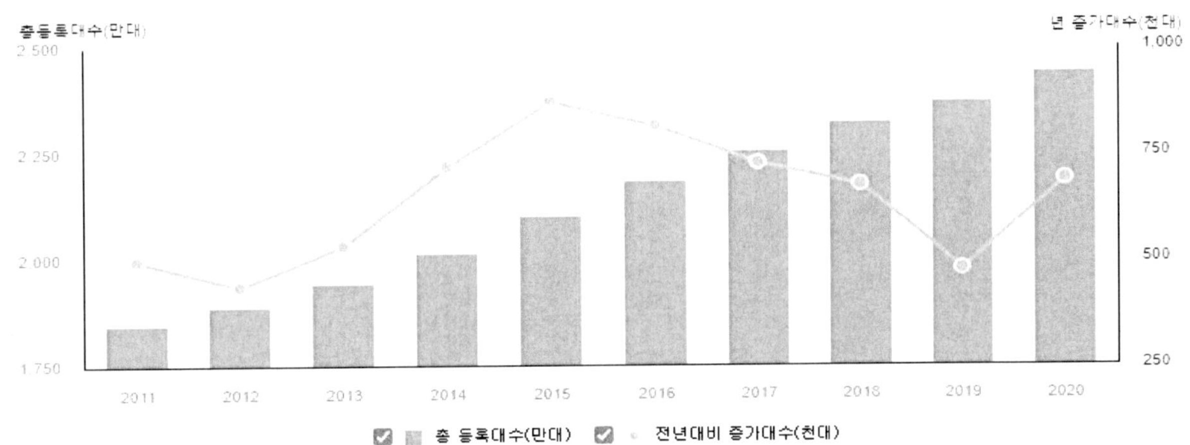

그림 4 국내 자동차 등록대수 현황

[단위 : 만대, 천대, %]

	2011	2012	2013	2014	2015	2016	2017	2018	2019	2020
등록대수(만대)	1,844	1,887	1,940	2,012	2,099	2,180	2,253	2,320	2,368	2,437
전년대비 증가대수(천대)	496	433	530	717	871	813	725	674	475	689
전년대비 증감비(%)	2.8	2.3	2.8	3.7	4.3	3.9	3.3	3.0	2.0	2.9

　　최근 5년간의 연도별 자동차 대수 증가 주요 원인을 분석해 보자면 국내 소비를 늘리기 위한 제도 개혁과 그에 대조적인 점진적 이고 지속적인 수입차 비중을 꼽을 수 있겠다. 또한 더욱 근접한 시기인 2년 내지 3년 전부터는 환경 문제가 대두됨에 따라 친환경자동차에 대한 관심 및 수요가 증대되는 현상 또한 두드러지고 있다.

　　2015년 주요 증가 원인으로는 새로운 모델 출시와 수입차 제작사의 적극적인 마케팅 효과 및 안정적인 유가 등의 영향으로 자동차 신규 등록대수가 크게 증가했었다. 국산차의 경우 '15년의 전년대비 10만 6천 대가 늘어나 7.3% 증가하였고, 수입차는 6만 5천 대가 늘어나 전년대비 29.2% 증가하였다.

　　2016년 주요 증가 원인으로는 다양한 신규 모델 차량의 출시되었고, 자동차 내수 진작을 위한 자동차 개별소비세 인하가 6월말까지 시행되면서 지속적인 증가세를 보였다. 전제 자동차의 등록대수 중 국산차는 약 2천 16만대였으며, 수입차는 164만대로 꾸준히 그 수를 늘렸다.

　　2017년에는 '자동차 내수 진작을 위한 자동차 개별소비세 인하가 종료되어 신규등록대수는 작년대비 소폭 증가면서, 전체등록대수는 15년보다 약 1% 감소한 추세를 보였고, 전체 자동차의 등록 대수중 국산차는 약 2,063만 대이며, 수입차는 190만 대로서, 수입차 비중은 꾸준히 증가하였다.

　　2018년은 2014년부터 5년 동안 증가세를 따질 때 매년 소폭씩 감소하고 있던 실정이었으나 1가구 당 2~3차량의 보편화가 이루어지고 1인 가구의 증가 등으로 완만하지만 차후 지속적인 증가세를 유지할 것으로 내다봤다. 전제 자동차 등록대수 중국산 차는 약 2천 103민 대였으며, 수입차는 217만 대였다. 특히나 친환경 자동차로 분류되는 하이브리드, 전기, 수소자동차는 총 461,733대로 전체에서 차지하는 비중이 1.5%에서 2.0%대로 상승해 친환경차의 점유율이 점점 증가하고 있음을 알 수 있다.

　　2019년 증가원인은 전체 자동차의 등록대수 중 국산차는 약 2,126만 대이며, 수입차는 241만 대로서, 수입차 비중은 꾸준히 증가하였다. 또한, 친환경자동차로 분류되는 하이브리드, 전기, 수소자동차는 총 601,048대로 전체에서 차지하는 비중이 18년 1.5%에서 19년 2.5%로 늘어나 친환경차의 점유율이 점차 증가하고 있다. 전체 자동차 등록대수 증가세는 15년부터 5년 동안　소폭 감소하고 있지만, 1가구 2~3차량의 보편화, 1인 가구 증가 등으로 당분간 완만하지만 지속적 증가세 유지할 것으로 보인다.
　　이로인해, 2021년경 자동차등록대수 2,500만대에 도달할 것으로 예측되며, 미세먼지 비상저감조치 및 배출가스등급제 사행등 환경문제에 대한 관심이 증가하면서, 전기차 성능의 향상 및 가격 하락 등으로 전기차 보급이 본격적으로 증가할 것으로 예상한다. 이로인해 앞으로,

국민이 원하는 맞춤형 통계를 지속적으로 제공해 나가고, 이를 자동차 정책수립에도 적극적으로 반영한다.[1)]

구분	2021/06	2021/05	2020/06	전월대비(%)	전년대비(%)
합계	112,354	99,597	154,542	+12.8%	-27.3%

2) 튜닝 규제의 완화

지난해 2월, 국토교통부와 한국교통안전공단은 자동차 튜닝 활성화를 위해 수요자의 목적에 따라 다양한 캠핑카를 제작할 수 있도록 튜닝 규제를 완화했다. 기존에는 11인승 이상의 승합차만 캠핑카로 개조할 수 있었지만, 자동차관리법이 개정되면서 차량의 종류와 관계없이 승용*화물*특수자동차 등 모든 차종을 캠핑카로 개조할 수 있게 됐다.

공단에 따르면, 캠핑카 튜닝 규제 완화 이후 지난 2월까지 1년간 캠핌용 자동차 튜닝 대수는 8,560대로, 전년 동기 2,236대보다 283% 증가했다. 안정성 우려 등으로 금지하던 화물자동차와 특수자동차 간의 차종변경과 화물자동차를 활용한 캠퍼 튜닝도 허용됐다. 1년간 4,989대가 차종을 변경하는 튜닝을 완료했다.

이로인해, 공단은 자동차 안전을 도모하고, 튜닝 수요를 적극적으로 발굴* 지원하기 위해 2023년까지 '튜닝카 성능*안전 시험센터'건립을 추진한다. 시험센터가 건립되면 그간 시험장비 및 기술력 부족으로 할 수 없던 튜닝 안전성 검증이 가능해져 튜닝산업에 활기를 불어넣을 것으로 기대된다. 튜닝 자동차의 안전성을 강화하고, 첨단 검사장비와 시설을 이용한 합법적 튜닝 범위를 확대할 수 있다.

3) 캠핑카 튜닝 관심과 수요 증대

소소하지만 확실한 행복, 소확행과 Work & Life Balance의 줄임말인 일명 워라밸의 열풍으로 일과 삶의 균형을 중요시하게 된 소비자들이 여가 생활을 즐기기 위해 레저 활동을 활발히 하게 되면서 캠핑이 하나의 트렌드로 자리 잡게 되었다.
원터치 텐트나 팝업 텐트처럼 설치가 편리한 텐트들을 찾는 캠핑 입문자부터 캠핑카를 움직이는 생활공간으로 인식하며 본격적으로 캠핑에 돌입하는 캠퍼들까지 캠핑을 바라보는 시각이 빠르게 다각화되었다.

---

1) 국토교통부 자동차등록현황/ e-나라지표

2021년 상반기 기준에는 정부의 튜닝 신업활성화정책과 코로나 19사태 여파로 최근 1년간 캠핑카 튜닝 대수가 전년 동기 대비 약4배로 증가한 것으로 나타났다.

국토부에 따르면, 튜닝 관련 규제가 대폭 완화된 지난해 3월부터 올해 2월까지 1년간 캠핑카 튜닝 대수는 8천551대로 집계됐다. 이는 전년 동기(2천229대)의 3.84배 수준이다. 이처럼 튜닝 대수가 급증한 것은 정부의 규제 완화로 캠핑카로 튜닝할 수 있는 차종이 확대 되었다.

이로인해, 국토부에서는 각종 튜닝 관련 정보를 제공하는 '튜닝 일자리 포털'도 전면 개편을 추진하고, 우수업체의 기술력과 제품이 시장에서 더 원활히 거래될 수 있도록 '기술*제품 마켓'을 구축하기로 했다. 이러서 국토부 관계자는 튜닝 시장 활성화를 위한 다양한 정책을 마련해 추진하고 안전관리는 강화해 나갈 방침이라고 말했다.

국토부는 규제를 완화하면서 안전에 문제가 생기지 않도록 비상통로 확보, 수납문 등 안전구조, 취침공간 등 시설설치 기준을 마련하기로 했는데, 변경된 주요 규정 내용들을 요약해 보고자 한다.

(1) 캠핑카 기준 완화

먼저 지금까지 확립된 정의가 없었던 '캠핑용 자동차'를 인정하는 기준이 달라졌다. 기존에는 캠핑카의 기준이 명확하지 않아 취침시설, 취사시설, 세면시설, 오폐수 수거장치 등의 시설을 일률적으로 갖추도록 하였으나, 캠핑용 자동차에 대한 기준 법령이 신설되어 필수 시설인 취침시설 외에 취사시설, 세면시설, 오폐수 수거장치, 개수대, 테이블, 탁자, 화장실 중 1개 이상의 시설만 갖추면 캠핑용 자동차로 인정하도록 기준을 완화하였다.

법령 신설 전 캠핑용 자동차 시설 조건	**법령 신설 후** 캠핑용 자동차 시설 조건
취침시설 - 제작 시 승차 정원만큼 - 튜닝 시 2인 이상 필요	취침시설 - 길이 1.7M, 너비 0.5M 이상 - 승차정원의 1/3 이상 - 변환형 쇼파도 가능)
취사시설	취사시설
세면시설	세면시설
오폐수 수거장치	오폐수 수거장치
	개수대
	테이블

	탁자 (탈부착이 가능한 경우 포함)
	화장실 (이동용 변기를 설치할 수 있는 독립 공간이 있는 경우 포함)
일률적 완비	취침시설 + 외 시설 1개 이상 설치

(2) 캠핑카 튜닝 시 승차정원 증가 허용

기존에는 자동차의 승차정원이 증가되는 튜닝은 원칙적으로 제한하고 있었으나, 캠핑카는 4~5인의 가족단위 이용 수요를 고려하여 안전성이 확보되는 범위 내에서 승차정원의 증가를 허용하기로 하였다.

단, 캠핑카로 튜닝 하여 자동차의 총중량 범위 내에서 승차정원을 증가시키는 튜닝이 가능하도록 근거를 마련해야 한다.

(3) 캠핑카 안전성 강화

현재 캠핑카에 취사 및 야영을 목적으로 설치하는 액화석유가스 시설 등은「액화석유가스의 안전관리 및 사업법」에 적합해   야 하며 전기설비는 자동차안전기준에 적합하도록 규정하고 있는데, 이번에 캠핑카의 캠핑설비에 대한 자동차안전기준도 마련하여 시행된다.

★ 해당 신설 조항의 내용은 하기 내용과 같다.

「자동차 및 자동차부품의 성능과 기준에 관한 규칙」제18조의4제2항 신설

제18조의4(캠핑용자동차의 전기설비 및 캠핑설비의 안전기준) ① 법 제29조제3항에 따른 캠핑용자동차의 전기설비는 다음 각 호의 기준에 적합해야 한다. <개정 2021. 8. 27.>

1. 외부전원 인입구는 물의 유입을 방지할 수 있는 구조일 것

2. 충전기는 과부하 보호기능을 갖출 것

3. 직류(DC) 60볼트 또는 교류(AC) 30볼트 이상의 고전압 부품은 별표 5 제4호가목에 따른 경고표시를 부착할 것

4. 누전차단기 및 휴즈 등 전원차단 기능을 갖출 것

② 법 제29조제3항에 따른 캠핑용자동차의 캠핑설비는 다음 각 호의 기준에 적합해야 한다. <신설 2020. 2. 28.>

---

1. 승차정원의 3분의 1 이상인 취침인원이 사용할 수 있는 취침시설(변환형 소파를 포함한다)을 갖추고 있을 것. 이 경우 취침인원을 산정할 때는 소수점 이하는 올리며, 취침인원 1인당 취침시설은 가로 1,700밀리미터, 세로 500밀리미터 이상이거나 그 면적이 8,500제곱센티미터 이상이어야 한다.

2. 캠핑용자동차 안에는 다음 각 목의 어느 하나에 해당하는 비상 탈출 공간, 비상 탈출구 또는 창문을 갖출 것

가. 운전자가 있는 차실과 캠핑 공간 사이에 가로 450밀리미터 이상, 세로 550밀리미터 이상인 비상 탈출 공간

나. 캠핑 공간의 출입문과 멀리 떨어진 위치에 비상 탈출을 위한 가로 450밀리미터 이상, 세로 550밀리미터 이상인 비상 탈출구 또는 창문

다. 캠핑 공간 내 가로축 610밀리미터, 세로축 432밀리미터 크기의 타원체가 간섭 없이 통과할 수 있는 비상 탈출구 또는 창문

3. 캠핑 공간에 설치된 수납함은 주행 중 개폐되는 것을 방지하기 위한 장치나 구조를 갖출 것

[본조신설 2017. 1. 9.]

[제목개정 2020. 2. 28.]

(4) 자기인증표시 개선

　현재 우리나라는 자동차 자기 인증 제도를 시행 중으로, 자동차 제작자 등은 자동차에 제작자, 수입자, 차량총중량, 제작시기 등의 자기인증의 정보를 표시를 하여야 한다. 지금까지 자기인증 표시 중 제작 시기는 '제작연도'까지만 표시하였으나 앞으로는 '제작연월'까지 표시하도록 개선되어 소비자의 알권리와 권익보호 향상에 기여할 수 있게 되었다.

그림 6 자기인증표시 중 제작시기 개선
2)

　자기인증표시의 위치는 자동차관리법 시행규칙 제39조의2제2항에 의거하여 다음 항목 중 해당하는 위치에 부착하여야 한다.

- 운전자석 측면의 문경첩장치가 부착되는 패널부
- 운전자석 측면의 문걸쇠고리의 패널부 또는 패널부와 만나는 운전자석 측면의 모서리부
- 계기패널의 좌측부분
- 운전자석 측면 문의 안쪽부분의 패널
- 피견인자동차의 경우에는 전면 좌측부

　국토교통부와 한국교통안전공단은 자동차 튜닝 활성화를 위해 수요자의 목적에 따라 다양한 캠핑카를 제작할 수 있도록 튜닝 규제를 완화했다. 기존에는 11인승 이상의 승합차만 캠핑카로 개조할 수 있었지만, 자동차 관리법이 개정되면서 차량의 종류와 관계없이 승용*화물*특수자동차 등 모든 차종을 캠핑카로 개조할 수 있게 됐다.
　또한, 안전성 우려 등으로 금지하던 화물자동차와 특수자동차 간의 차종 변경과 화물자동차를 활용한 캠퍼 튜닝도 허용됐다. 1년간 4,989대가 차종을 변경하는 튜닝을 완료했다.

---

2) 국토교통부 YOUTUBE, ON통/2020.03

공단에 따르면, 캠핑카 튜닝 완화 이후 지난 2월까지 1년간 캠핑용 자동차 튜닝 대수는 8,560대로 전년 동기 2,236대보다 283% 증가했다.

끝으로, 공단은 앞으로도 ▶튜닝규제의 간소화 ▶관련 교육 실시 ▶튜닝 안전기술 개발 등 규제 혁신을 지속해서 추진한다. 튜닝 시 사전승인을 받아야 하는 13개의 장치 중 안전에 문제가 적은 8개 장치에 대해 기존 승인 처리기한 '열흘 이내'를 '하루 이내'로 단축하는 튜닝 신속승인신청제도를 시행하고 있다. 또 해외 허용 사례를 조사하고, 국내 도입이 가능한 튜닝 항목에 대해선 기준 정비를 통해 튜닝 허용 범위를 확대할 전망이다.[3]

4) 사회적 집단 감염의 장기 유행

코로나19의 장기화로 고강도의 사회적 거리 두기 지침이 끊임없이 논의되고 연장을 거듭하고 있는 가운데 차박이 화제의 중심에 떠올랐다.

'차박'이란 단어 그대로 차 안에서의 일박을 의미하는데, 실제 유래는 낚시인이나 등산객이 한밤에 차에서 쪽잠을 자면서부터 시작되었다고 전해지고 있다. 하지만 포스트 코로나 시대에서 차박의 의미는 다소 다르게 다가온다. 단순한 레저나 취미활동을 펼치는 행위가 아닌 감염병으로 부터의 차단막 역할로써 작용하기 때문이다.

하루가 다르게 높아지는 불안감 때문에 무더운 여름에도 마스크를 착용해야 하며 휴가 시즌임에도 집 앞 나들이를 나가는 것조차 불안한 상황이다. 실정이 이러하다 보니 최근에는 코로나19의 전염 위험 없이 집에서 여가를 즐기는 홈족(Home族)이 새로이 등장했으며, 서로 접촉을 피하는 문화인 언택트(Untact) 문화가 일상이 되었다. 이러한 상황에서 차박은 야외 외출에 대한 걱정과 위험 부담을 덜어낼 수 있으면서 타인에게서 오는 감염 위험으로부터 자유로운 공간이 보장되는 유일한 '방공호' 인 셈이다.

---

3) 지속적 규제 혁신으로 자동차 튜닝 활설화/ 더 중앙 경제

이러한 가운데 소형 SUV 안에서 간소한 일박 혹은 장박을 하기 에는 다소 협소하다고 느껴지는 공간을 차박 평탄화를 위해 좌석을 개조하는 등의 튜닝은 전문 야영을 위한 튜닝과는 또 다른 새로운 수요의 탄생이며, 코로나 이슈로 가족 단위의 차박 수요는 꾸준히 증가할 것으로 추정되는 바이다.[4]

---

4) 차박/ 네이버 나무위키

다. 자동차 튜닝 신청 절차

1) 승인 대상

「자동차관리법 시행규칙 제55조」에서는 승인 진행에 앞서 튜닝승인대상을 명확히 하며 범퍼의 외관변경 등 국토교통부장관이 고시하는 경미한 구조 및 장치는 그 대상에서 벗어나도록 하고 튜닝 승인이 필요한 경우와 불필요한 경우를 구분 짓고 있다. 따라서 튜닝을 진행하고자 하는 경우, 변경하려는 구조나 장치의 승인 대상 파악이 최우선 단계가 된다.

먼저 **승인이 필요한 항목**으로는 구조 2개의 항목(길이·너비 및 높이, 총중량)과 장치 13개의 항목(견인장치, 동력발생장치 (원동기),동력전달장치, 등화장치, 물품적재장치, 배기가스발산방지장치, 소음방지장치, 승차장치, 연결장치, 연료장치, 주행장   치, 제동장치) 등이 있다. 내용은 승인의 대상 및 기준을 규정하고 있는 자동차관리법 시행규칙 제55조의 내용이다.

✓ 자동차관리법 시행규칙 제55조

제55조(튜닝의 승인대상 및 승인기준 등) ①법 제34조제1항에서 "국토교통부령으로 정하는 항목에 대하여 튜닝을 하려는 경우"란 다음 각 호의 구조·장치를 튜닝하는 경우를 말한다. 다만, 범퍼의 외관이나 제56조의2에 따라 인증을 받은 튜닝용 부품 등 국토교통부장관이 정하여 고시하는 경미한 구조·장치로 튜닝하는 경우는 제외한다.

1. 영 제8조제1항제1호 및 제3호의 사항과 관련된 자동차의 구조
2. 영 제8조제2항제1호·제2호(차축에 한정한다)·제4호 제5호·제7호(연료장치 및 「자동차 및 자동차부품의 성능과 기준에 관한 규칙」 제2조제52호에 따른 고전원전기장치에 한정한다)부터   제10호까지·제12호부터 제14호까지·제20호 및 제21호의 장치

② 한국교통안전공단은 제1항에 따른 튜닝승인신청을 받은 때에는 튜닝 후의 구조 또는 장치가 안전기준 그 밖에 다른 법령에 따라 자동차의 안전을 위하여 적용하여야 하는 기준에 적합한 경우에 한하여 승인하여야 한다. 다만, 다음 각 호의 어느 하나에 해당하는 튜닝은 승인을 해서는 안 된다.

1. 총중량이 증가되는 튜닝(제2호의 규정에 의하여 총중량이 증가하는 경우를 제외한다)
2. 승차정원 또는 최대적재량의 증가를 가져오는 승차장치 또는 물품적재장치의 튜닝. 다만, 다음 각 목의 어느 하나에 해당하는 경우를 제외한다.
가. 승차정원 또는 최대적재량을 감소시켰던 자동차를 원상복귀하는 경우
나. 차대 또는 차체가 동일한 자동차로 자기인증되어 제원이 통보된 차종의 승차정원 또는 최대 적재량의 범위 안에서 승차정원 또는 최대적재량을 증가시키는 경우
다. 튜닝하려는 자동차의 총중량 범위 내에서 제30조의2에 따른 캠핑용자동차로 튜닝하여 승차정원을 증가시키는 경우
3. 법 제3조제1항 각 호에 따른 자동차의 종류가 변경되는 튜닝 다만, 다음 각 목의 어느

하나에 해당하는 경우는 제외한다.

가. 승용자동차와 동일한 차체 및 차대로 제작된 승합자동차의 좌석장치를 제거하여 승용자동차로 튜닝하는 경우(튜닝하기 전의 상태로 회복하는 경우를 포함한다)

나. 화물자동차를 특수자동차로 튜닝하거나 특수자동차를 화물자동차로 튜닝하는 경우

4. 튜닝전보다 성능 또는 안전도가 저하될 우려가 있는 경우의 튜닝

③ 국토교통부장관은 제2항에 따라 튜닝승인을 하는 때에 적용되는 기준에 관한 세부기준을 별도로 정하여 고시할 수 있다.

④ 국토교통부장관은 제2항 단서에도 불구하고 전기자동차 등 신기술을 적용하는 튜닝의 경우 국토교통부장관이 정하여 고시하는 기준에 적합한 때에는 튜닝을 승인할 수 있다.

반면 **튜닝 승인이 필요치 않은 항목**으로는 국토부의 「자동차 튜닝에 관한 규정」[별표 1]에 의거한 '경미한 구조 및 장치'인데, 이때 말하는 경미한 구조 및 장치의 범주는 아래의 표 내용 와 같다.

구분	구조 · 장치 등
길이 · 너비 및 높이 (구조)	• 길이 : 차체 후부에 탈부착 하는 자전거 캐리어, 플라스틱 재질의 보조 점퍼 • 너비 : 승하차용 보조발판 (최외측으로부터 좌, 우 각각 50mm 이내) • 높이 : 포장탑(최대적재량 1톤 이하), 화물자동차 바람막이, 적재함 전면 지지대(차체높이 300mm까지), 포장보관대, 루프캐리어, 수하물 운반구(천정절개형 제외), 차체 상부에 탈부착 하는 자전거 캐리어, 스키캐리어, 루프탑바이저, 안테나, 컨버터블탑용 롤바, 유리지지대(최대적재량 1톤 이하), 루프탑텐트, 어닝, 교통단속용 적외선 조명장치, 환기장치, 무시동 히터, 무시동 에어컨, 태양전지판
원동기(동력발생장치) 및 동력전달장치 (장치)	• 시동리모콘, 흡기 및 배기다기관, 에어크리너 스노클 등 원동기(동력발생장치) 및 동력전달장치의 부품교환 등 변경 다만, 원동기형식이 변경되는 경우는 제외 • 클러치디스크 및 압력판 등 변속기의 변경 다만, 변속기 종류(수동↔자동)의 변경은 제외 • 동력인출장치 및 BCT 공기압축기
소음방지장치 (장치)	• 배기관 팁(소음기의 변경이 되지 않는 경우에 한함) • 자동차관리법에 따라 자기인증을 한 소음방지장치
조향장치 (장치)	• 레버손잡이, 직경이 동일한 핸들, 핸들손잡이

제동장치 (장치)	• 브레이크 자동잠금 및 해제장치, ARS보조장치, 캘리퍼 및 부속 장치 변경(자동차관리법에 따라 인증된 부품에 한함) • 가속 및 브레이크 페달, 보조브레이크 페달, 브레이크 디스크 및 패드)
연료장치 및 전기·전자장치 (장치)	• 연료절감장치
차체 및 차대 (장치)	• 범퍼, 에어스포일러, 에어댐, 휀더스커트, 후드/원도우 프렉터, 후드스쿠프, 선바이져, 범퍼가드, 그릴가드, 휀더커버, 썬루프, 에어컨 등 실내에 설치하는 장치, 공구함(공구함의 크기는 하대 길이의 2분의1 이내 및 하대높이의 2배 이내), 블랙박스작동표 시등, 화물탑차 스커트, 카고크레인 및 고소작업차에 설치되는 보조유압잭, 농약살포용 분무기 • 기본 차체의 크기 등을 변경하지 않는 차체 및 차대의 수리
연결 및 견인장치 (장치)	• 단순한 전기식 윈치 • 자동차관리법에 따라 자기인증을 한 연결장치
승차장치 및 물품적재장치 (장치)	• 화물자동차의 적재함 내부 칸막이 및 선반, 밴형 화물자동차 적 재장치의 창유리, 픽업덮개 제거, 화물차 난간대 제거, 롤바(픽 업형에 한함), 픽업형 난간대
등화장치 (장치)	• 자동차관리법에 따라 자기인증을 한 등화장치 • LED 번호등 • 경광등 제거
튜닝인증부품 (장치)	• 규칙 제56조의2에 따라 성능 및 품질에 관한 인증을 받은 튜닝 용 부품 다만, 기능이 다른 인증부품을 조합하여 장착하는 경우 는 제외
*비고 : 경미한 구조·장치는 1)자동차관리법 제29조의 안전기준에 적합하게 설치되어야 하며 안전운 행에 지장이 없어야 한다.(다만, 길이, 너비 및 높이로 구분된 사항은 자동차 및 자동차부품의 성능 과 기준에 관한 규칙 [별표33] '제원의 허용차' 미적용		

표 5 국토부 고시 승인이 필요하지 않은 경미한 구조 · 장치

1) 자동차관리법 제29조(자동차의 구조 및 장치 등) 내용

① 자동차는 대통령령으로 정하는 구조 및 장치가 안전 운행에 필요한 성능과 기준(이하 "자동차안전 기준"이라 한다)에 적합하지 아니하면　　　　운행하지 못한다.

② 자동차에 장착되거나 사용되는 부품 · 장치 또는 보호장구(保護裝具)로서 대통령령으로 정하는 부 품 · 장치 또는 보호장구(이하 "자동차　　　　부품"이라 한다)는 안전운행에 필요한 성능과 기준(이하 "부품안전기준"이라 한다)에 적합하여야 한다.

③ 국토교통부령으로 정하는 캠핑용자동차 안에 취사 및 야영을 목적으로 설치하는 액화석유가스의 저 장시설, 가스설비, 배관시설 및 그 밖　　　　의 사용시설은 「액화석유가스의 안전관리 및 사업법」에 적 합하여야 하며, 전기설비 및 캠핑설비는 국토교통부령으로 정하는 안전기준에　　　　적합하여야 한다.

④ 자동차안전기준과 부품안전기준은 국토교통부령으로 정한다.

한편 승인이 필요치 않은 대상도 존재하는데, 표의 내용은 **승인이 필요하지 않은 부품**들이다.

부품명	용도 및 내용	사진
에어스포일러(air spoiler)	공기흐름을 콘트롤하기 위한 장치 노즈스포일러 : 전면에 설치하는 스포일러 테일스포일러 : 후단에 설치하는 스포일러	
에어 댐(air dam)	공기 흐름을 라디에이터 → 엔진 → 자체하부로 유도시켜 조향륜 하중 증가, 엔진냉각효율 및 로드홀딩을 향상시키는 기류 유도부품	
휀더스커트(fender skirt)	휠하우스 기능과 유시한 휀더에 설치한 타이어 덮개	
후드/윈도우 디프렉터 (hood/window deflector)	후드디프렉터 : 엔진후드 선단의 손상을 방지하기 위한 프로텍터 윈도우디프렉터 : 앞유리창과 엔진후드의 각 진부분에 설치한 공기흐름 유도 visor(날개판)	
후드스쿠프(hood scoop)	엔진후드(엔진룸 덮개)의 터보차저 공기흡입구 (Engine hood = Bonnet)	
선바이져(sunvisor)	선바이져 : 차체 창틀 상부에 설치된 비방울 및 햇빛 가리개 루프바이져 : 차체지붕에서 후면 창유리의 윗부분 햇빛가리개	
롤 바(roll bar)	오픈카 또는 레이싱카에서 전복시 승객을 보호하는 강관 지주 ※ 경주용차 또는 스프트탑의 차실내에 설치	
루프캐리어 (roof rack)	자동차 지붕에 짐을 싣기 위한 용구 (Roof carrier = Roof rack)	

| 런닝보드(running board) | 다목적형승용차 등의 차체 승강문 하부에 부착된 발판 |  |

표 6 승인 불필요 차체, 공기류 관련 부품

부품명	용도 및 내용	사진
루프랙 (roof rack)	자동차 지붕에 짐을 싣기 위한 용구 (Roof carrier = Roof rack)	
수하물운반구 (enclosed luggage carrier)	수하물을 싣기 위한 박스형 운반구	
자전거/스키캐리어 (bike/ski rack=carrier)	차체지붕 또는 후부에 자전거 또는 스키를 장착할 수 있는 캐리어(carrier)	
루프캐리어 (rackcarrier)	자동차 지붕에 짐을 싣기 위한 용구 (Roof carrier = Roof rack)	

표 7 승인 불필요 수하물 운반 부품류

부품명	용도 및 내용	사진
코일스프링 (coil spring)	승차감 향상을 위한 완충장치	
쇽업서버 (shock absorber)	승차감 향상을 위한 완충장치	

| 스트럿바 (strut bar) | 롤링방지를 위하여 엔진룸 내부에 설치한 지지봉(바) | 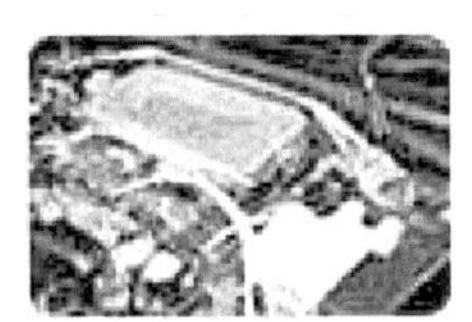 |

표 8 승인 불필요 완충장치 관련 부품

부품명	용도 및 내용	사진
컨버터블탑용 롤바 (convertible top/roll bar)	승용차 또는 소형화물차의 차실 또는 적재함에 설치하는 포장(가죽)으로 접거나, 탈착할 수 있는 구조의 탑(컨버터블탑 또는 소프트탑) 내부에 설치되어 전복시 승객을 보호하는 지주(롤바) ※ 컨버터블탑도 포장탑과 함께 사용	
범퍼가드 (bumper guard)	FRP의 재질로된 범퍼 보호대 ※ 철재로 된 범퍼가드 또는 예리하게 각지거나 현저히 돌출된 범퍼가드 사용불가	
그릴가드 (grill guard)	라디에이터 등을 보호하는 그릴	
휀더커버 (fender cover)	휠하우스 기능과 유사한 휀더에 설치한 타이어 덮개 (Fenter cover = Fender skirt)	
전조등/안개등커버 (headlight/foglight cover)	전조등/안개등 커버(그릴 덮개) ※ 안전기준에서 정한 유효조광면적이 부족할 경우 불가	
루프탑바이져 (root top visor)	지붕에서 뒷 창유리의 햇빛을 차단하는 가리개	
윈치(winch)	다목적형 승용차의 범퍼에 안쪽에 설치하는 전기식 윈치	

| 안테나(antenna) | 라디오 수신용 안테나
※ 전파관리법령 등 다른 법령에 부합 되지 않는 경우는 제한 | |
| 차간거리경보장치 | 차간거리 경보장치(ITS기능) | |

표 9 승인 불필요 차체부품

부품명	용도 및 내용	사진
핸들(steering wheel)	기존의 핸들과 직경 및 재질이 유사한 핸들 ※ 직경이 변경된 경우 구조변경대상	
핸들손잡이	조향 휠(핸들)의 조향을 용이하게 하는 핸들손잡이	
레버손잡이(shift knobe)	조향 변속레버의 손잡이	
수동의 가속, 변속 및 제동장치	수동조작장치, 연장페달 설치 ※ 신체장애자가 사용할 수 있게 제작되어 손으로 엑셀레이터 및 브레이크를 조작할 수 있는 조작장치	
보조브레이크 페달	운전교습용자동차의 조수석에 설치된 보조브레이크 페달	

| 가속 및 브레이크 페달 | 가속페달 및 브레이크페달에 보조페달을 부착하여 페달면적을 크게 함 |  |

표 10 승인 불필요 조향 장치 부품류

부품명	용도 및 내용	사진
공기청정기	차실내의 공기 정화	
에어컨디셔너 (air conditioner)	차실내의 공기 정화	
네비게이션(navigation)	GPS를 이용한 교통정보 및 위치 안내	
무전기	※ 경찰관서에서 사용하는 무전기와 동일한 주파수의 무전기 사용불가	
자동차전화	자동차 안에 설치한 전화 주행에도 일반 가입 전화와 통화 할 수 있는 무선 전화	
음향기기류	오디오 또는 음향기기 ※ 승차장지 변경이 있는 경우	
도난경보시스템	도난시 경보장치와 브레이크의 제동을 유지(holding)시키는 장치	

에어백(air bag)	운전석 및 조수석의 전면 또는 측면에 설치	

표 11 승인 불필요 차 실내 설치 부품류

부품명	용도 및 내용	사진
시동리모컨 (remote control engine starter)	원격시동용 리모컨	
배기관팁 (exhaust pipe tip)	기존 배기관의 끝단에 장착한 소음저감용 팁 (extenstion tip) ※ 탈착이 가능한 사이렌서는 제한	
흡기다기관	스텐레스 또는 구리 등의 재질로된 흡기다기관 ※ 열해방지장치 설치	
배기다기관	스텐레스 또는 구리 등의 재질로된 배기다기관 ※ 촉매변관기변경(위치변경 포함)시 구조변경 필요, 열해방지장치 설치	
에어크리너	엔진룸의 공기여과용 공기정화기 ※ 설치개수 및 위치 변경시 제외	

표 12 승인 불필요 원동기, 배기 계통 부품

부품명	용도 및 내용	사진
보조번호판	자동차등록번호판을 설치하기 위해 설치하는 번호판보조대	
브레이크디스크 및 패드	제동면적이 커서 방열성이 좋고 제동효과가 우수한 브레이크 디스크와 패드	
클러치디스크 및 압력판	클러치를 경량화하여 가속성능 향상시킨 클러치 디스크와 압력판	

표 13 승인 불필요 기타 부품

2) 신청 및 승인 절차

자동차 튜닝 승인 업무는 「자동차관리법」 제77조에 따라 교통안전공단에 위탁되어 있어 교통안전공단에 신청하여야 한다.

한국교통안전공단에서 말하는 튜닝(구조변경) 제도란 구조변경 차량에 대한 안전도 점검을 통해 교통사고와 환경오염을 예방하기 위한 제도이다. 각종 산업 활동의 경쟁력 확보, 편리성 추구, 비용 절감 등은 실생활에 많은 변화를 가져왔지만 자동 차 구조 및 장치의 변경에 따른 안전도 저하로 교통사고, 환경오염 등의 문제도 함께 대두되고 있으며, 자동차의 구조/장치   변경 제도는 변경되는 사항이 최소한의 안전을 확보하도록 함으로써 자동차로 인한 블특정 다수인에게 피해를 주지 않기 위해 도입된 것이다,

교통안전공단에서 정의한 경제성과 편리성이 확보되는 튜닝은 정부가 도로운행의 문제점 및 교통공해 발생 여부를 미리 운행전에 확인하게 함으로써 국민의 안정성과 생명을 보호할 수 있어야 한다. 유럽연합(EU)에서도 제동장치, 소음, 좌석, 전조등, 원동기, 연결장치, 타이어, 연료장치, 배출가스제어장치 등에 대하여 튜닝을 허용하고 있으며 일본의 경우에는 자동차의길이, 너비 및 높이, 차체의 형상, 원동기 형식, 연료의 종류, 사업용에서 자가용으로 변경되는 경우, 용도, 승차정원 또는 최대적재량이 변경되는 경우에는 튜닝을 허용하고 있다.
이로인해, 자동차관리법 제34조에 규정된 자동차의 구조 및 장치 변경은 기 등록되어 운행중인 자동차에 적용되는 제도로서 자동차 소유자가 자동차의 구조 및 장치를 변경하고자 하는 경우 자동차관리법시행령 제8조에서 정한 구조 및 장치를 사전에 한국교통안전공단으로부터 승인을 얻어서 변경토록 규정하여 자동차의 안전도를 확보토록 하는 제도로서 내용은 반드시 안전기준에 적합하여야 승인이 가능하다.
한편, 튜닝 승인을 받은 자동차 소유자는 반드시 소유자동차의 규모에 맞는 자동차정비업체에서 튜닝 작업을 하여야 하며, 변경하였는가에 대하여 튜닝 검사를 받아야 하는 등의 일련의 행정절차를 말합니다.

튜닝승인

한국교통안전공단
자동차 검사소

❼ 튜닝 결과보고(전산입력)

등록관청
(시, 군, 구청)

❺
튜닝검사 신청
(승인일로부터
45일이내)

한국교통안전공단
Cyber TS

한국교통안전공단 사이버검사소
https://www.cyberts.kr

❻
튜닝검사
(합격 후
등록증에
내용 기재)

❶ 튜닝승인신청

❷ 튜닝승인
(승인신청일로부터 10일 이내)

❹ 정비업체
튜닝작업 내용 전산입력

자동차소유자

❸ 튜닝작업의뢰

자동차정비사업자

(1) 튜닝승인 절차

① 한국교통안전공단 사이버검사소 접속하여 튜닝승인 신청
② 승인 신청일로부터 10일 이내 승인 및 승인서 교부
③ 자동차 정비업체 방문, 튜닝 작업 의뢰
④ 구조변경 작업 완료 후 증명서 교부, 정비업체 측에서 튜닝작업 내용 한국교통안전공단 사이버검사소 전산 입력
⑤ 한국교통안전공단 자동차검사소에 방문하여 구조변경검사 신청 (승인일로부터 45일 이내)
⑥ 튜닝검사 합격 후 교통안전공단 측에서 자동차등록증에 내용 기재 및 교부
⑦ 한국교통안전공단 자동차검사소 측에서 전산 입력하여 한국교통안전공단에 구조변경 결과 보고 후 마무리

(2) 이륜자동차 소음방지장치 등 튜닝 신청 절차

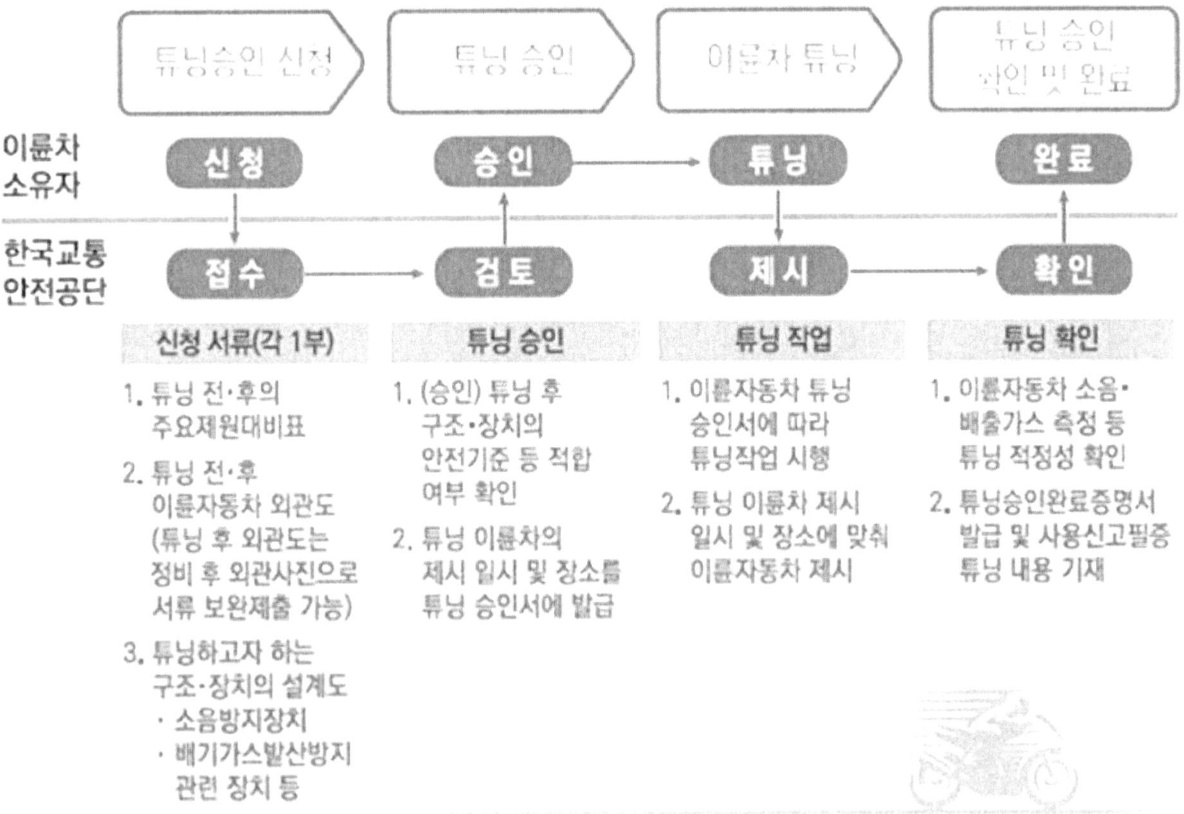

　　이륜자동차의 튜닝 신청 절차는 [자동차관리법 시행규칙] 제 108조에 근거하여 '승인'및 '확인' 단계로 진행된다.

　　이륜자동차 소음방지장치 등을 튜닝　하려는 경우는 튜닝 '확인' 단계에서 [대기환경보전법] 제62조 제2항 [소음*진동 관리법] 제37조 제1항에 따른 운행 이륜자동차 배출가스 및 소음의 적정성 확인을 통해 튜닝'확인' 단계가 완료되었다.

3) 구비서류 및 수수료

(1) 구비서류

☑ 튜닝 승인신청서

■ 자동차관리법 시행규칙 [별지 제33호서식] <개정 2014.12.31.>   www.ts2020.kr(교통안전공단)에서도 신청가능 합니다.

튜닝승인신청서

접수번호	접수일자	발급일자	처리기간	10일

신청인	성명(법인명)		주민등록번호(사업자 또는 법인등록번호)
	전화번호		휴대전화번호
	주소		

자동차	차명	형식
	원동기형식	
	자동차등록번호	차대번호

튜닝사항	튜닝항목	튜닝 전	튜닝 후
	길이×너비×높이		
	차량총중량		
	장치(장치명칭 기재)		
	자동차의 유형		
	승차정원 또는 최대적재량		

「자동차관리법」 제34조 및 같은 법 시행규칙 제56조제1항에 따라 위와 같이 신청합니다.

년   월   일장

신청인   (서명 또는 인)

교통안전공단이사장 귀하

첨부서류	1. 튜닝 전·후의 주요제원대비표(제원변경이 있는 경우에만 첨부합니다) 1부 2. 튜닝 전·후의 자동차의 외관도(외관변경이 있는 경우에만 첨부합니다) 1부 3. 튜닝하려는 구조·장치의 설계도 1부	수수료 검사대행자가 정한 금액

유의사항

1. 교통안전공단에서 튜닝승인을 받은 자동차소유자는 반드시 자동차종합정비업체 또는 소형자동차정비업체에서 튜닝 작업을 시행해야 하며, 승인받은 날부터 45일 이내에 교통안전공단 검사소에서 튜닝검사를 받아야 합니다.
2. 원동기 등 장치를 튜닝하려는 경우에는 튜닝항목 장치란에 튜닝하는 장치명을 적기 바랍니다.
3. 승인을 받지 않고 자동차의 구조·장치를 튜닝한 자와 구조 등이 튜닝된 자동차인 것을 알면서 이를 운행한 자는 1년 이하의 징역 또는 300만원 이하의 벌금에 처하게 됩니다(「자동차관리법」 제81조제19호 및 제20호).

그림 58 교통안전공단 튜닝승인신청서 양식

-튜닝 승인 신청은 자동차 소유자 본인이 직접 신청하여야 한다. 대리 신청의 경우, 소유자 (운송회사)의 위임장 및 인감증명서를 첨부해야 한다.

2. 튜닝 전·후의 주요제원 대비표 작성요령(제원변경이 있는 경우 작성)

<table>
<tr><td colspan="10">튜닝 전·후의 주요제원 대비표</td></tr>
<tr><td>1</td><td colspan="9">소 유 자 주 소</td></tr>
<tr><td>2</td><td colspan="3">성　　　　　명</td><td></td><td>3</td><td colspan="2">최 소 등 록 일</td><td colspan="2"></td></tr>
<tr><td>4</td><td colspan="3">등 록 번 호</td><td></td><td>5</td><td colspan="2">종　　　　　별</td><td colspan="2"></td></tr>
<tr><td>6</td><td colspan="3">차　　　　　명</td><td></td><td>7</td><td colspan="2">구　　　　　분</td><td colspan="2"></td></tr>
<tr><td>8</td><td colspan="3">형　　　　　식</td><td></td><td>9</td><td colspan="2">차 체 형 상</td><td colspan="2"></td></tr>
<tr><td>10</td><td colspan="3">승 차 정 원</td><td>변경전인</td><td>변경후인 / 11</td><td colspan="2">유　　　　　형</td><td>변경전</td><td>변경후</td></tr>
<tr><td>12</td><td colspan="3">차 량 중 량(kg)</td><td></td><td>13</td><td colspan="2">용　　　　　도</td><td colspan="2"></td></tr>
<tr><td>14</td><td colspan="3">최대 적재량(kg)</td><td></td><td>15</td><td colspan="2">원 동 기 형 식</td><td colspan="2"></td></tr>
<tr><td>16</td><td colspan="3">차량 총중량(kg)</td><td></td><td>17</td><td colspan="2">원동기최고출력 (ps/rpm)</td><td colspan="2"></td></tr>
<tr><td>18</td><td colspan="3">길　　이(mm)</td><td></td><td>19</td><td colspan="2">기통수/ 총 배 기 량(cc)</td><td colspan="2"></td></tr>
<tr><td>20</td><td colspan="3">너　　비(mm)</td><td></td><td>21</td><td colspan="2">연 료 의 종 류</td><td colspan="2"></td></tr>
<tr><td>22</td><td colspan="3">높　　이(mm)</td><td></td><td>23</td><td colspan="2">후단 오버항(mm)</td><td colspan="2"></td></tr>
<tr><td rowspan="3">24</td><td rowspan="3">하대내측 치수 (mm)</td><td>길이</td><td></td><td></td><td>25</td><td colspan="2">축 간 거 리(mm)</td><td colspan="2"></td></tr>
<tr><td>너비</td><td></td><td></td><td>26</td><td colspan="2">하대 옵세트(mm)</td><td colspan="2"></td></tr>
<tr><td>높이</td><td></td><td></td><td rowspan="2">27</td><td rowspan="2">좌우바퀴 간거리 (mm)</td><td>앞바퀴</td><td colspan="2"></td></tr>
<tr><td>28</td><td colspan="2">적재시앞바퀴 하중분포율</td><td>(%)</td><td>(%)</td><td>뒷바퀴</td><td colspan="2"></td></tr>
<tr><td rowspan="4">29</td><td rowspan="4">공차시 하중분 포(kg)</td><td rowspan="2">전</td><td>전축중</td><td></td><td rowspan="4">30</td><td rowspan="4">적재시 하중분 포(kg)</td><td rowspan="2">전</td><td>전축중</td><td></td></tr>
<tr><td>후축중</td><td></td><td>후축중</td><td></td></tr>
<tr><td rowspan="2">후</td><td>전축중</td><td></td><td rowspan="2">후</td><td>전축중</td><td></td></tr>
<tr><td>중축중</td><td></td><td>중축중</td><td></td></tr>
<tr><td></td><td></td><td></td><td>후축중</td><td></td><td></td><td></td><td></td><td>후축중</td><td></td></tr>
<tr><td rowspan="4">31</td><td rowspan="4">적재시 타이어 하중율 (%)</td><td rowspan="2">전</td><td>전</td><td></td><td rowspan="2">32</td><td rowspan="2">타이어 형식</td><td>전</td><td colspan="2"></td></tr>
<tr><td>후</td><td></td><td>후</td><td colspan="2"></td></tr>
<tr><td rowspan="2">후</td><td>전</td><td></td><td rowspan="2">33</td><td rowspan="2">변속기</td><td>종류</td><td colspan="2"></td></tr>
<tr><td>중 후</td><td></td><td>단수</td><td colspan="2"></td></tr>
<tr><td>34</td><td colspan="9">튜닝 개요</td></tr>
</table>

그림 59 교통안전공단 튜닝전*후 주요제원 대비표

☑ 튜닝 전·후 주요제원 대비표
☑ 튜닝 전·후 자동차의 외관도
- 외관도 및 설계도면에 변경내용(하대옵셋, 축간거리, 승객좌선간 거리 등)이 정확히 표시, 기재되어 있어야 한다.
☑ 구조·장치의 설계도
- 특수한 장치 등을 설치할 경우 장치에 대한 상세도면 또는 설계도
☑ 기타 구비서류
- 튜닝 승인 신청 사례에 따라 관련법령에 따른 서류를 구비서류

(2) 수수료

* 튜닝 승인 수수료 구분 기준

1) 구조 및 장치 변경 : 시행규칙 제55조제1항제1호 및 제2호 동시 변경
  - 중량분포(축중, 조향륜 하중분포, 타이어부하율)가 변경되는 경우
  - 탱크로리 등 체적 계산이 필요한 경우
  - 기타 구조와 장치가 동시 변경되는 경우
2) 장치변경 : 시행규칙 제55조제1항제2호의 장치 변경

※ 여러 개의 장치를 동시에 변경(원동기+소음기)하는 경우도 장치변경으로 처리

* 튜닝 승인 수수료

구분	전자승인	방문승인
구조 및 장치	33,000 원	60,000 원
장치변경	20,000 원	33,000 원

* 튜닝 검사 수수료

구분	차종	수수료
튜닝 검사	소형	29,000 원
	중형	33,000 원
	대형	37,000 원
튜닝 재검사 (배출가스검사병행)	소형	19,800 원
	중형	23,100 원
	대형	25,300 원

4) 튜닝 승인 기준 및 법적 근거

(1) 승인 기준

　모든 차종의 변경 후 구조 및 장치는 안전기준 그밖에 다른 법령에 따라 자동차의 안전을 위하여 적용하여야 하는 기준에 적합하여야 한다.

　◆튜닝 승인이 제한되는 경우는 다음과 같다.

* 자동차의 총중량이 증가되는 구조 및 장치의 변경
- 예시: 차축의 무게에 상당하는 적재함 길이 축소가 없이 차축의 추가 설치
* 자동차의 종류가 변경되는 구조 · 장치의 변경
- 화물자동차의 물품적재장치 면적 $2m^2$(특수용도형 경형화물은 $1m^2$)에 미달(적재함 높이는 기존 높이 적용)
- 화물자동차 ↔ 특수자동차 또는 승용자동차
* 변경 전보다 성능과 안전도가 저하될 우려가 있는 경우의 변경
* 승차정원 또는 최대적재량의 증가를 가져오는 승차장치 또는 물품적재장치의 변경

　다음의 경우는 승인제한 규정에도 불구하고 승인이 허용되는 경우이다.

* 승차정원 또는 최대적재량을 감소시켰던 자동차를 원상회복하는 경우
* 동일한 형식으로 자기 인증되어 제원이 통보된 자동차의 승차정원 또는 최대적재량의 범위 내에서 이를 증가 시키는 경우
* 화물자동차의 경우 1)동형·동급의 범위 안에서 자동차의 길이·너비·높이 (하대내측 또는 차체 제원중 작은 기준 적용)의 변경 허용

　1) 동형동급이란 제작자(소규모제작자의 경우 소규모제작자명)가 같은 화물자동차 중 축간거리, 원동기마력 및 최대적 재량의 3개 제원이 작거나 같은 경우를 말함
　- 차대 또는 차체가 동일한 승용자동차·승합자동차의 승차정원 중 가장 많은 것의 범위 안에서 당해 자동차의 제작자가 변경 후의 성능 과 안전도가 적정하다고 인정하여 승차정원을 증가시키는 경우

(2) 법적 근거

　자동차 튜닝 승인 신청의 법적 근거는 「자동차관리법 시행규칙」 제 55조, 제56조 및 안전기준에 있으며, 안전기준시행세칙과 동 업무 처리와 관련하여 국토교통부장관이 시달한 각종지침 등 자동차관리법령에서 정하는 기준에 적합하여야 한다.

　또한, 자동차의 종류 및 특성에 따라서는 이러한 허용기준 외에도 자동차운수사업법령, 위험물 안전관리법령, 고압가스 관리법령, 액화석유가스의 안전관리 및 사업법령, 고압가스 안전관리법령, 액화석유가스의 안전관리 및 사업법령, 계량에 관한 법령 등 각각 해당 법령의 적용을 받는 자동차에 대하여는 해당 법령에 적합하여야 한다.

✓ 자동차관리법 시행규칙 제55조 (튜닝의 승인대상 및 승인기준 등)

　①법 제34조제1항에서 "국토교통부령으로 정하는 항목에 대하여 튜닝을 하려는 경우"란 다음 각 호의 구조·장치를 튜닝하는 경우를 말한다. 다만, 범퍼의 외관이나 제56조의2에 따라 인증을 받은 튜닝용 부품 등 국토교통부장관이 정하여 고시하는 경미한 구조·장치로 튜닝하는 경우는 제외한다. <개정 2006. 6. 9., 2007. 7. 20., 2008. 3. 14., 2010. 2. 18., 2013. 3. 23., 2014. 12. 31., 2017. 1. 6., 2019. 12. 31., 2020. 2. 28.>

　1. 영 제8조제1항제1호 및 제3호의 사항과 관련된 자동차의 구조

　2. 영 제8조제2항제1호·제2호(차축에 한정한다)·제4호·제5호·제7호(연료장치 및 「자동차 및 자동차부품의 성능과 기준에 관한 규칙」 제2조제52호에 따른 고전원전기장치에 한정한다)부터 제10호까지·제12호부터 제14호까지·제20호 및 제21호의 장치

　②한국교통안전공단은 제1항에 따른 튜닝승인신청을 받은 때에는 튜닝 후의 구조 또는 장치가 안전기준 그 밖에 다른 법령에 따라 자동차의 안전을 위하여 적용하여야 하는 기준에 적합한 경우에 한하여 승인하여야 한다. 다만, 다음 각 호의 어느 하나에 해당하는 튜닝은 승인을 해서는 안 된다. <개정 1999. 12. 31., 2003. 1. 2., 2006. 6. 9., 2014. 2. 28., 2014. 8. 18., 2014. 12. 31., 2017. 1. 6., 2019. 4. 23., 2020. 2. 28.>

　1. 총중량이 증가되는 튜닝(제2호의 규정에 의하여 총중량이 증가하는 경우를 제외한다)

　2. 승차정원 또는 최대적재량의 증가를 가져오는 승차장치 또는 물품적재장치의 튜닝. 다만, 다음 각 목의 어느 하나에 해당하는 경우를 제외한다.

　　가. 승차정원 또는 최대적재량을 감소시켰던 자동차를 원상회복하는 경우

　　나. 차대 또는 차체가 동일한 자동차로 자기인증되어 제원이 통보된 차종의 승차정원 또는 최대 적재량의 범위안에서 승차정원 또는 최대적재량을 증가시키는 경우

　　다. 튜닝하려는 자동차의 총중량의 범위 내에서 제30조의2에 따른 캠핑용자동차로 튜닝하여 승차정원을 증가시키는 경우

　3. 법 제3조제1항 각 호에 따른 자동차의 종류가 변경되는 튜닝. 다만, 다음 각 목의 어느 하나에 해당하는 경우는 제외한다.

가. 승용자동차와 동일한 차체 및 차대로 제작된 승합자동차의 좌석장치를 제거하여 승용자동차로 튜닝하는 경우(튜닝하기 전의 상태로 회복하는 경우를 포함한다)

나. 화물자동차를 특수자동차로 튜닝하거나 특수자동차를 화물자동차로 튜닝하는 경우

4. 튜닝전보다 성능 또는 안전도가 저하될 우려가 있는 경우의 튜닝

③ 국토교통부장관은 제2항에 따라 튜닝승인을 하는 때에 적용되는 기준에 관한 세부기준을 별도로 정하여 고시할 수 있다. <신설 2010. 2. 18., 2013. 3. 23., 2014. 12. 31.>

④ 국토교통부장관은 제2항 단서에도 불구하고 전기자동차 등 신기술을 적용하는 튜닝의 경우 국토교통부장관이 정하여 고시하는 기준에 적합한 때에는 튜닝을 승인할 수 있다. <신설 2010. 2. 18., 2013. 3. 23., 2014. 12. 31.>

[제목개정 2014. 12. 31.]

✓ 제55조의2(튜닝 작업을 할 수 있는 제작자등의 요건 등)

① 법 제34조제2항 전단에서 "국토교통부령으로 정하는 자동차제작자등"이란 다음 각 호의 요건을 모두 갖추어 한국교통안전공단의 확인을 받은 자를 말한다. <개정 2017. 7. 18., 2019. 4. 23.>

1. 법 제30조제3항에 따른 자동차제작자등(자동차를 수입하는 자는 제외한다)일 것

2. 자동차 튜닝 작업에 필요한 다음 각 목의 시설 등을 갖출 것

가. 시설면적: 400㎡ 이상(작업장 · 검차장 · 사무실 · 부품창고 등을 포함한 면적을 말한다)

나. 시설

1) 검사시설: 리프트 또는 피트

2) 도장시설: 스프레이건을 포함한 도장시설(직접 도장작업을 하는 경우만 해당한다)

다. 검사기구: 제동시험기(영 제8조제2항제5호에 따른 제동장치에 대한 튜닝을 하거나 「자동차 및 자동차부품의 성능과 기준에 관한 규칙」 별표 33에 따른 차량중량이 제원의 허용차 범위를 초과하는 튜닝 작업을 하는 경우만 해당한다)

3. 「국가기술자격법 시행규칙」 별표 2에 따른 자동차정비 분야의 기능사 이상의 자격을 갖춘 인력을 1인 이상 확보할 것

② 제1항에 따른 한국교통안전공단의 확인을 받으려는 자는 별지 제32호의6서식의 자동차제작자등의 튜닝 작업 확인신청서(전자문서로 된 신청서를 포함한다)에 다음 각 호의 서류를 첨부하여 한국교통안전공단에 제출하여야 한다. 다만, 한국교통안전공단이 전산정보처리조직을 통하여 제33조제1항에 따른 제작자등 등록증의 발급 여부를 확인할 수 있는 경우에는 제1호의 서류를 제출한 것으로 본다. <개정 2017. 7. 18., 2019. 4. 23.>

1. 제33조제1항에 따른 제작자등 등록증

2. 제1항제2호 및 제3호에 따른 요건을 갖춘 것임을 증빙하는 서류

3. 사업계획서(제55조의3에 따른 튜닝 작업의 범위만 해당한다)

③ 한국교통안전공단은 제2항에 따른 신청이 제1항제1호부터 제3호까지의 요건에 적합

하다고 인정하는 경우에는 신청인에게 별지 제32호의7서식의 자동차제작자등의 튜닝 작업 확인증을 발급하여야 한다. 이 경우 한국교통안전공단은 그 결과를 전산정보처리조직에 입력하여야 한다. <개정 2017. 7. 18., 2019. 4. 23.>

④ 제3항에 따라 확인증을 발급받은 자가 확인받은 사항 중 다음 각 호의 어느 하나를 변경하려는 경우에는 변경된 사항에 대하여 한국교통안전공단의 확인을 다시 받아야 한다. 이 경우 변경된 사항의 확인 신청 및 확인증 발급에 관한 사항은 제2항 및 제3항을 준용한다. <개정 2019. 4. 23.>

1. 신청인의 연락처 및 주소

2. 제작자등록번호

3. 사업자등록번호 또는 법인등록번호

4. 제1항제2호 및 제3호에 따른 요건에 관한 사항

5. 사업계획서

⑤ 제1항부터 제4항까지에서 규정한 사항 외에 자동차제작자등의 튜닝 작업에 관하여 필요한 사항은 국토교통부장관이 정하여 고시한다.

[본조신설 2016. 9. 7.]

[종전 제55조의2는 제56조의2로 이동 <2016. 9. 7.>]

✓ **제55조의3(자동차제작자등의 튜닝 작업 범위)**

제55조의3(자동차제작자등의 튜닝 작업 범위) 법 제34조제2항 후단에 따른 자동차제작자등의 튜닝 작업 범위는 다음 각 호와 같다.

1. 다음 각 목의 구조 및 장치를 변경하는 작업

가. 영 제8조제1항제1호에 따른 길이·너비 및 높이

나. 영 제8조제1항제3호에 따른 총중량

다. 영 제8조제2항제8호에 따른 차체 및 차대

라. 영 제8조제2항제9호에 따른 연결장치 및 견인장치(피견인자동차의 가목부터 다목까지 및 마목에 따른 구조 및 장치를 튜닝하기 위하여 연결장치 및 견인장치의 튜닝이 수반되는 경우만 해당한다)

마. 영 제8조제2항제10호에 따른 승차장치 및 물품적재장치

2. 그 밖에 기술발전 등을 고려하여 국토교통부장관이 필요하다고 인정하여 고시하는 작업

[본조신설 2016. 9. 7.]

①법 제34조제1항에 따라 자동차의 튜닝승인을 받으려는 자는 별지 제33호서식의 튜닝승인신청서에 다음 각호의 서류를 첨부하여 한국교통안전공단에 제출하여야 한다. <개정 1999. 12. 31., 2003. 1. 2., 2010. 2. 18., 2014. 12. 31., 2017. 1. 6., 2019. 4. 23.>

1. 별지 제33호의2서식의 튜닝 전·후의 주요제원대비표(제원변경이 있는 경우만 해당한다)
2. 튜닝 전·후의 자동차의 외관도(외관변경이 있는 경우에 한한다)
3. 튜닝하려는 구조·장치의 설계도
4. 삭제 <2014. 2. 28.>

②한국교통안전공단은 제1항의 규정에 의한 신청을 받은 때에는 튜닝내용이 제55조에 따른 튜닝승인기준에 적합하다고 인정되는 경우에는 별지 제34호서식의 튜닝승인서를 발급하여야 한다. <개정 1999. 12. 31., 2003. 1. 2., 2010. 2. 18., 2014. 12. 31., 2019. 4. 23.>

③제2항에 따라 자동차의 튜닝승인을 받은 자는 자동차정비업자 또는 법 제34조제2항 전단에 따른 자동차제작자등으로부터 튜닝과 그에 따른 정비(법 제34조제2항 전단에 따른 자동차제작자등의 경우에는 튜닝만 해당한다)를 받고 승인받은 날부터 45일이내에 법 제43조제1항제3호의 규정에 의한 튜닝검사를 받아야 한다. <개정 2003. 1. 2., 2014. 12. 31., 2016. 9. 7.>

④ 제3항에 따라 튜닝을 완료한 자동차정비업자 또는 법 제34조제2항 전단에 따른 자동차제작자등은 지체없이 다음 각 호의 사항을 전산정보처리조직에 입력하여야 한다. <개정 2015. 10. 7., 2016. 9. 7.>

1. 자동차등록번호
2. 사업자등록번호
3. 정비업등록번호 또는 제작자등록번호
4. 업체명 및 대표자 성명
5. 업체 주소 및 전화번호
6. 튜닝작업 완료일자
7. 튜닝작업 내용

⑤ 제3항에 따라 튜닝을 완료한 자동차정비업자 또는 법 제34조제2항 전단에 따른 자동차제작자등은 자동차의 소유자가 튜닝 작업이 완료되었음을 증명하는 확인서를 요구하는 경우에는 별지 제34호의2서식의 튜닝 작업 확인서를 발급하여야 한다. <신설 2016. 9. 7.>
[제목개정 2014. 12. 31.]

라. 자동차 튜닝 관련 법령

국가교통부에서 고시한 자동차 튜닝에 관련된 법령은「자동차관리법」제34조,「자동차관리
법시행령」제8조,「자동차관리법 시행규칙」제55조,「자동차 튜닝에 관한규정」등이 있다.
내용은 법령의 실제 내용이므로 튜닝 계획을 가진 오너들이 참고한다면 도움이 될 것이다.

> ▶ 자동차관리법 제34조(자동차의 튜닝) ① 자동차소유자가 국토교통부령으로 정하는 항목
> 에 대하여 튜닝을 하려는 경우에는 시장·군수·구청장의 승인을 받아야 한다.
> ② 제1항에 따라 튜닝 승인을 받은 자는 자동차정비업자 또는 국토교통부령으로 정하
> 는 자동차제작자등으로부터 튜닝 작업을 받아야 한다. 이 경우 자동차제작자등의 1) **튜**
> **닝 작업 범위**는 국토교통부령으로 정한다.
> ③ 제1항에 따른 승인 대상 항목에 대한 승인기준 및 승인절차에 관한 사항은 국토교
> 통부령으로 정한다. [전문개정 2014. 1. 7.]

◆1)의 튜닝의 작업 범위는 자동차관리법 시행규칙 제55조의3(자동차제작자등의 튜닝 작업
범위)에 따라 다음과 같다.

자동차관리법 34조제2항 후단에 따른 자동차제작자등의 튜닝 작업 범위는 다음 각 호와 같다.
1. 다음 각 목의 구조 및 장치를 변경하는 작업
- 영 제8조제1항 제1호에 따른 길이·너비 및 높이
- 영 제8조제1항 제3호에 따른 총중량
- 영 제8조제2항 제8호에 따른 차체 및 차대
- 영 제8조제2항 제9호에 따른 연결 장치 및 견인장치(피견인자동차의 가목부터 다목까지 및 마목에
  따른 구조 및 장치를 튜닝하기 위하여 연결 장치 및 견인장치의 튜닝이 수반되는 경우만 해당한다)
- 영 제8조제2항 제10호에 따른 승차장치 및 물품적재장치
2. 그 밖에 기술발전 등을 고려하여 국토교통부장관이 필요하다고 인정하여 고시하는 작업

> ▶ 자동차관리법 시행령 제8조(자동차의 구조 및 장치) ① 다음 각호의 1에 해당하는 사항
> 과 관련된 자동차의 구조는 법 제29조제1항의 규정에 의한 안전기준에 적합하여야 한
> 다.
> 1. 길이·너비 및 높이
> 2. 최저지상고
> 3. 총중량
> 4. 중량분포
> 5. 최대안전경사각도
> 6. 최소회전반경
> 7. 접지부분 및 접지압력

② 다음 각호의 자동차의 장치는 법 제29조제1항의 규정에 의한 안전기준에 적합하여야
한다.
　　1. 원동기(동력발생장치) 및 동력전달장치
　　2. 주행장치
　　3. 조종장치
　　4. 조향장치
　　5. 제동장치
　　6. 완충장치
　　7. 연료장치 및 전기 · 전자장치
　　8. 차체 및 차대
　　9. 연결장치 및 견인장치
　　10. 승차장치 및 물품적재장치
　　11. 창유리
　　12. 소음방지장치
　　13. 배기가스발산방지장치
　　14. 전조등 · 번호등 · 후미등 · 제동등 · 차폭등 · 후퇴등 기타 등화장치
　　15. 경음기 및 경보장치
　　16. 방향지시등 기타 지시장치
　　17. 후사경 · 창닦이기 기타 시야를 확보하는 장치
　　17의2. 후방 영상장치 및 후진경고음 발생장치
　　18. 속도계 · 주행거리계 기타 계기
　　19. 소화기 및 방화장치
　　20. 내압용기 및 그 부속장치
　　21. 기타 자동차의 안전운행에 필요한 장치로서 국토교통부령이 정하는 장치

▶ 자동차관리법 시행령 제8조의2(자동차부품) 법 제29조제2항에서 "대통령령으로 정하는
부품 · 장치 또는 보호장구"(이하 "자동차부품"이라 한다)란 다음 각 호의 것을 말한다.
　　1. 브레이크호스
　　2. 좌석안전띠
　　3. 국토교통부령으로 정하는 등화장치
　　4. 후부반사기
　　5. 후부안전판
　　6. 창유리
　　7. 안전삼각대
　　8. 후부반사판
　　9. 후부반사지

10. 브레이크라이닝

11. 휠

12. 반사띠

13. 저속차량용 후부표시판

▶ 자동차관리법 시행규칙 제55조(튜닝의 승인대상 및 승인기준 등) ① 법 제34조제1항에
서 "국토교통부령으로 정하는 항목에 대하여 튜닝을 하려는 경우"란 다음 각 호의 구
조·장치를 튜닝하는 경우를 말한다. 다만, 범퍼의 외관이나 제56조의2에 따라 인증을
받은 튜닝용 부품 등 국토교통부장관이 정하여 고시하는 경미한 구조·장치로 튜닝하
는 경우는 제외한다.
1. 영 제8조제1항제1호 및 제3호의 사항과 관련된 자동차의 구조
2. 영 제8조제2항제1호·제2호(차축에 한정한다)·제4호·제5호·제7호(연료장치 및
「자동차 및 자동차부품의 성능과 기준에 관한 규칙」 제2조제52호에 따른 고전원전기장
치에 한정한다)부터 제10호까지·제12호부터 제14호까지·제20호 및 제21호의 장치

② 한국교통안전공단은 제1항에 따른 튜닝승인신청을 받은 때에는 튜닝 후의 구조 또는
장치가 안전기준 그 밖에 다른 법령에 따라 자동차의 안전을 위하여 적용하여야 하는 기
준에 적합한 경우에 한하여 승인하여야 한다. 다만, 다음 각 호의 어느 하나에 해당하는
튜닝은 승인을 해서는 안 된다.
1. 총중량이 증가되는 튜닝(제2호의 규정에 의하여 총중량이 증가하는 경우를 제외한다)
2. 승차정원 또는 최대적재량의 증가를 가져오는 승차장치 또는 물품적재장치의 튜닝.
다만, 다음 각 목의 어느 하나에 해당하는 경우를 제외한다.
    가. 승차정원 또는 최대적재량을 감소시켰던 자동차를 원상회복하는 경우
    나. 차대 또는 차체가 동일한 자동차로 자기인증되어 제원이 통보된 차종의 승차정
    원 또는 최대 적재량의 범위안에서 승차정원 또는 최대적재량을 증가시키는 경우
    다. 튜닝하려는 자동차의 총중량의 범위 내에서 제30조의2에 따른 캠핑용자동차로
    튜닝하여 승차정원을 증가시키는 경우
3. 법 제3조제1항 각 호에 따른 자동차의 종류가 변경되는 튜닝. 다만, 다음 각 목의
어느 하나에 해당하는 경우는 제외한다.
    가. 승용자동차와 동일한 차체 및 차대로 제작된 승합자동차의 좌석장치를 제거하
    여 승용자동차로 튜닝하는 경우(튜닝하기 전의 상태로 회복하는 경우를 포함한다)
    나. 화물자동차를 특수자동차로 튜닝하거나 특수자동차를 화물자동차로 튜닝하는
    경우
4. 튜닝전보다 성능 또는 안전도가 저하될 우려가 있는 경우의 튜닝

③ 국토교통부장관은 제2항에 따라 튜닝승인을 하는 때에 적용되는 기준에 관한 세부기준

을 별도로 정하여 고시할 수 있다.

④ 국토교통부장관은 제2항 단서에도 불구하고 전기자동차 등 신기술을 적용하는 튜닝의 경우 국토교통부장관이 정하여 고시하는 기준에 적합한 때에는 튜닝을 승인할 수 있다.

▶ 자동차 튜닝에 관한 규정

제1장 총칙
제1조(목적) 이 규정은 「자동차관리법 시행규칙」 제55조에 따른 경미한 구조·장치의 범위, 튜닝승인을 하는 때에 적용되는 기준에 관한 세부기준, 전기자동차 등 신기술을 적용하는 튜닝기준과 같은법 시행규칙 제131조에 따른 전기자동차 등 신기술을 적용하여 튜닝하는 정비작업의 범위 및 기술인력의 자격기준 등을 정함을 목적으로 한다.

제2조(정의) 이 규정에서 사용하는 용어의 뜻은 다음과 같다.
1. "구조·장치"란 「자동차관리법 시행령」(이하 "영"이라 한다) 제8조의 구조·장치를 말한다.
2. "경미한 튜닝"이란 「자동차관리법 시행규칙」(이하 "규칙"이라 한다.) 제55조 제1항 후단의 튜닝승인을 받지 아니하여도 되는 구조·장치를 말한다.
3. "전기자동차"란 「자동차 및 자동차부품의 성능과 기준에 관한 규칙」(이하 "안전기준"이라 한다.) 제2조 제50호에 따른 전기자동차를 말한다.
4. "구동축전지"란 안전기준 제2조제53호에 따른 구동축전지를 말한다.
5. "구동전동기"란 안전기준 제2조제54호에 따른 구동전동기를 말한다.
6. "축전지제어기"란 구동축전지의 전압, 전류, 온도, 잔존용량 등을 모니터링 하여 안전을 확보하는 장치를 말한다.
7. "차량내장형충전기"란 외부의 전원을 공급받아 차량에 장착된 구동축전지를 충전 시키는 장치를 말한다.
8. "하이브리드자동차"란 안전기준 제2조제33호에 따른 하이브리드자동차를 말한다.
9. "캠퍼"란 야외 캠핑에 사용하기 위하여 화물자동차의 물품적재장치에 설치하는 분리형 부착물을 말한다. 이 경우 캠퍼는 규칙 제30조의2에 따른 캠핑용자동차의 기준과 안전기준 제18조의4에 따른 캠핑용자동차의 전기설비 및 캠핑설비 기준에 적합하여야 한다.

제3조(적용범위) 자동차의 튜닝에 대한 세부기준과 전기자동차(제2조제8호에 따른 하이브리드자동차를 포함한다. 이하 같다.)의 튜닝기준·정비작업의 범위·기술인력의 자격기준 등에 관하여는 자동차관리법령에서 정한 것을 제외하고는 이 규정이 정하는 바에 따른다.

제2장 자동차 튜닝
제4조(경미한 구조 및 장치) 규칙 제55조제1항 후단의 '국토교통부장관이 정하여 고시하는

경미한 구조 및 장치'는 별표 1과 같다.

제5조(튜닝승인 세부기준) 규칙 제55조제3항에 따라 튜닝을 하는 때에 적용하는 **세부기준은 별표** 2와 같다.

(별표 2)

튜닝승인 세부기준(제5조 관련)

1. 기본원칙 : 자동차관리법 제29조의 안전기준에 격합하여야 튜닝이 가능하다. 다만, 다음 각 목의 경우 튜닝승인을 하여서는 아니 된다.

   가. 총중량이 증가되는 튜닝

   1) (삭 제)

   2) 승용자동차 및 경형·소형자동차의 차량중량이 120kg을 초과하여 증가되는 경우와 중형자동차의 차량중량이 200kg(다만, 승합자동차의 특수형·화물자동차의 덤프형 및 특수용도형·특수자동차의 구난형 및 특수작업형은 100kg)을 초과하여 증가되는 경우(초과하는 차량중량은 시행규칙 제39조의 규정에 따라 자동차제작자등이 성능시험대행자에게 통보한 제원표에 표기된 차량중량 중 선택사양이 제외된 차량중량과의 차이를 말한다)

   나. 변경견보다 성능 또는 안전도가 저하될 우려가 있는 다음 각 호의 경우

   1) 차실에 캠핑 및 취사장비를 설치한 자동차가 소화기·전기개폐기(자동차의 전원을 사용하는 경우 제외)·조명장치·환기장치 및 오수집수장치 등을 갖추지 않은 경우

   2) 일반형 승합자동차의 뒷좌석을 제거한 후 쇼파 등을 설치하는 경우

   3) 자동차에 보조조향핸들을 설치하거나, 안전기준에 격합하지 않은 등화장치를 설치하는 경우(다만, 도로작업용 차량에 설치하는 유도표시등은 제외한다)

   4) 차체 및 차대 전체가 늘어나거나 줄어드는 가변형으로 변경하거나, 안전기준에 격합하지 않게 차체의 길이를 변경하는 경우(다만, 도로작업용 차량에 충격완화장치를 설치하는 경우는 제외한다)

   5) 전 방향 승차장치를 옆 방향 승차장치로 변경하는 경우(16인승이상 승합자동차가 자동차관리법에 따라 인증받은 부품을 사용하는 경우는 제외한다)

   6) 자동차의 차축을 추가 설치 또는 제거하거나 축간거리가 길어지는 경우

   7) 일반형 화물자동차에 적재함 문짝을 제거하거나 높이를 축소하는 경우

   8) 배기가스발산방지장치, 소음방지장치 등을 제거하는 경우

   9) 활어운송용자동차 등에 화재를 사전에 예방할 수 있는 별도의 전기안전장치(휴즈, 누전차단기 등)가 설치되어 있지 않은 경우

그림 60 튜닝승인 세부기준(제5조 관련)

제6조(튜닝승인 접수 등) ① 규칙 제56조제1항에 따른 튜닝승인 신청은 「한국교통안전공단법」에 따른 한국교통안전공단(이하 "공단"이라 한다)을 방문하거나 우편, 팩스, 전산망(전산망이 구축된 경우에 한한다)을 통하여 할 수 있다.

② 공단은 제1항에 따라 튜닝승인 신청서를 받으면 튜닝하려는 자동차의 안전성 확인을 위해 신청한 튜닝내용이 관계 법령 및 규정에 적합한지를 검토하여야 한다. 이 경우 공단

은 신청자에게 안전성 확인에 필요한 자료를 추가로 제출하도록 요청할 수 있다.

제7조(튜닝승인서 발급 등) ① 제6조에 따라 신청을 받은 공단은 신청서류가 튜닝에 적합하다고 인정하면 튜닝승인 신청서를 접수한 날부터 5일 이내에 튜닝승인서를 발급하여야 한다. 다만, 전문적인 사항에 대한 세부검토가 필요하다고 인정되는 등 부득이한 사유가 있으면 신청자에게 그 사유를 통보한 후 접수일로부터 10일 이내에 처리할 수 있다.
② 공단은 신청한 서류 등을 검토한 결과 관계 법령 및 규정에 적합하지 아니하면 튜닝승인신청서를 접수한 날부터 5일 이내에 그 사유와 함께 튜닝승인신청서를 반려하여야 한다. 이 경우 조치방법은 「민원사무처리에 관한 법률」에 따른다.
③ 공단은 튜닝에 대한 안전성 검증 등을 위하여 공단 내부전문가로 구성된 위원회를 운영할 수 있다.
④ 공단은 튜닝 승인을 받은 자가 규칙 제56조제3항에 따른 검사기간 내에 부득이한 사유에 따라 승인서 반려를 요청하는 경우 승인을 취소 할 수 있다.

제8조(튜닝검사 접수 등) ① 공단은 규칙 제56조제3항에 따라 튜닝검사(이하 "검사"라 한다) 신청서를 받으면 신청한 서류가 관계 법령 및 규정 등에 적합한지 확인하여야 하며, 확인한 결과 신청한 서류에 허위로 기재 또는 위·변조한 사항이 발견되면 검사신청서를 반려하고 해당 시·군·구청에 통보하여야 한다.
② 공단은 검사를 실시한 결과 자동차의 구조·장치가 제7조에 따라 튜닝 승인한 내용과 동일(안전기준 범위 내에서 인정되는 단순 제원의 수정을 포함한다.)하면 튜닝한 내용을 전산정보처리조직에 입력하여야 한다.

제9조(튜닝 검사기간 경과시 조치) 공단은 규칙 제56조제3항에 따라 튜닝 승인을 받은 날부터 45일이 경과할 때까지 검사를 받지 않은 자에 대하여는 45일이 경과한 날로부터 3일 이내에 검사를 받지 않은 사실을 증명하는 서류 등 관련 서류를 관할 시·군·구청에 통보하여야 한다. 다만, 「자동차 종합검사의 시행 등에 관한 규칙」 제20조에 따라 전산 정보처리조직(이하 "전산정보처리조직"이라 한다)을 이용하여 관련 서류를 기록·저장하는 경우에는 그러하지 아니하다.

제10조(튜닝승인 및 검사의 제한) 다음 각 호와 같이 구조 및 장치가 동시에 변경되는 경우에는 같은 날에 튜닝승인과 튜닝검사를 시행할 수 없다.
1. 특수형 승합자동차로의 변경
2. 특수용도형 화물자동차로의 변경
3. 특수작업형 특수자동차로의 변경
4. 기타 공단에서 별도로 정하는 사항

제11조(자료보관) 공단은 튜닝승인신청서, 승인서 등 튜닝승인과 관련된 서류를 2년간 보관하여야 한다. 다만, 전산정보처리조직에 기록·저장하는 경우에는 그러하지 아니하다.

제12조(튜닝승인자 등 교육) ① 공단은 튜닝승인 업무를 담당하는 소속직원에 대하여 새로운 제도 및 기술의 도입 등에 대한 교육계획을 수립하고 교육을 실시하여야 한다.
② 공단은 튜닝업무 종사자 또는 예비종사자를 대상으로 전문성 향상을 위해 튜닝법령 및 기술교육 등을 실시할 수 있다.

제13조(튜닝 업무의 전산처리) 공단은 이 규정의 업무 중 튜닝승인 접수 및 승인서발급, 검사의 접수 등에 전산정보처리조직을 이용할 수 있다.

제3장 전기자동차의 튜닝
제14조(구조·장치의 안전성확인 기술검토) ① 전기자동차로 튜닝을 하고자 하는 자는 법 제32조제3항에 따라 성능시험대행자로부터 총중량의 변경 등에 따른 안전도를 확인하기 위하여 안전성확인 기술검토를 받아야 한다. 안전성확인 기술검토를 받은 내용을 변경하는 경우에도 또한 같다.
② 제1항에 따라 안전성확인 기술검토를 신청 하고자 하는 자는 튜닝하고자 하는 차종 별로 신청하여야 한다.

제15조(안전성확인 기술검토의 신청 등) ① 안전성확인 기술검토 신청자는 별지 제1호 서식의 전기자동차 튜닝 안전성확인 기술검토 신청서에 다음 각 호의 서류를 첨부하여 성능시험대행자에 제출하여야 한다.
1. 변경 전·후 주요제원 및 성능 대비표
2. 변경 전·후 자동차의 외관도(외관변경이 있는 경우에만 해당한다.)
3. 변경하고자 하는 구조·장치의 설계도
4. 튜닝한 전기자동차의 차명 및 형식
5. 튜닝한 전기자동차의 구성품 및 작동원리
6. 튜닝 작업범위
② 성능시험대행자는 제1항에 따라 안전성확인 기술검토 신청을 받으면 별표4에서 정한 시험항목의 시행가능 여부에 대하여 검토하여야 한다. 다만, 검토 대상 자동차의 구조·장치가 이미 안전성확인 기술검토를 받은 다른 차종의 구조·장치와 동일하다고 인정되면 동일한 구조·장치에 한하여 다른 차종에 대한 검토 결과를 검토대상 자동차의 구조·장치에 대한 검토 결과로 인정할 수 있다.
③ 성능시험대행자는 안전성확인 기술검토를 위해 추가 자료가 필요할 경우 신청자에게 이를 요구할 수 있다.
④ 성능시험대행자는 안전성 확인 기술검토를 하는 경우 내부 및 외부 전문가의 자문 등

을 받을 수 있다.

⑤ 성능시험대행자는 안전성확인 기술검토 신청을 받은 날부터 15일 이내에 검토를 완료하고 별지 제2호 서식의 안전성확인 기술검토서를 발급하여야 한다. 다만 기술적 특징 등에 따라 추가 검토가 필요한 경우에는 그 사실을 신청자에게 통보한 뒤 신청을 받은 날로부터 30일 이내에 서류검토서를 발급할 수 있다.

제16조(안전성 확인을 위한 자동차의 인계 등) ① 제15조제5항에 따라 안전성확인 기술검토서를 발급 받은 자는 성능시험대행자와 협의하여 안전성 확인을 위하여 튜닝한 전기자동차를 성능시험대행자에 인계하여야 한다.

② 제1항에 따라 인계하는 자동차는 등록하지 않은 신규제작 된 자동차 또는 등록을 말소한 자동차를 이용하여 튜닝한 자동차이어야 한다.

③ 제1항에 따라 안전성 확인을 위한 자동차를 인계 받은 성능시험대행자는 안전성확인을 위한 계획을 수립하는 등 내부 시험절차에 따라 안전성확인을 위한 시험 등을 시행하여야 한다.

제17조(안전성확인 자동차의 구비요건 등) ① 안전성확인을 신청하고자 하는 자는 전기자동차에 다음 각 호의 요건을 갖춘 축전지제어기를 설치하고 그 기능을 입증하여야 한다.

1. 축전지 제어기는 팩케이지(PACKAGE) 또는 서브-팩케이지(SUB-PACKAGE) 단위 마다 설치되어 있을 것

2. 축전지 제어기는 구동축전지의 플러스(+) 단자와 차체의 절연저항을 점검하여 절연저항이 정상 값 이하로 저하되었을 때 고전원을 차단(주행 중에는 구동력을 점차 저하시켜 속도를 줄이고 정지 후에 고전원을 차단)시키는 기능을 갖출 것

3. 축전지 제어기는 구동축전지 각 셀(CELL) 중 한 개라도 안전성확인 신청자가 제시한 최저 전압 값보다 저하 되었을 때 운전자에게 경고할 수 있는 장치를 갖출 것

② 안전성확인을 위한 전기자동차는 다음 각 호의 구조를 갖추어야 한다.

1. 구동축전지를 차실 또는 트렁크 안에 설치한 경우 구동축전지의 최후방부터 차체(범퍼 포함)의 최후단까지 30센티미터 이상, 좌·우 내측면으로부터는 10센티미터 이상의 간격을 유지할 것.

2. 차체에 차량내장충전기를 구비 할 것.

3. 그 밖에 성능시험대행자가 안전성 확인이 필요하다고 인정되는 사항

제18조(안전성확인 시험의 실시) ① 안전성확인 신청을 받은 성능시험대행자는 해당 시험 항목에 대한 시험을 안전기준에서 정한 방법에 따라 시행하여야 한다.

② 성능시험대행자는 안전성확인 시험을 하는 과정에서 안전기준에 부적합하다고 판단되는 경우 그 사실을 안전성확인 신청자에게 통보하여야 한다.

③ 제2항의 안전기준 부적합 사실을 통보받은 안전성 확인 신청자는 부적합한 내용을 시

정 완료할 때까지 안전성확인의 시험의 중단을 요청할 수 있다.

제19조(성적서의 발급) ① 성능시험대행자는 안전성확인을 한 결과 안전기준에 적합하다고 인정되면 시험성적서를 발급하여야 한다.
② 성능시험대행자는 제1항에 따른 성적서를 발급한 때에는 제15조제1항 각 호의 자료를 규칙 제56조에 따른 튜닝승인 업무에 활용할 수 있다.

제20조(시설 및 인력기준) 전기자동차 튜닝작업을 하려는 자는 규칙 제131조제1항에 따른 자동차종합정비업 또는 소형자동차정비업을 등록하여야 하고 다음 각 호에 따른 고전원전기장치를 다룰 수 있는 시설과 인력을 확보하여 실제 튜닝 작업을 하는 사업장에 배치하여야 한다.
1. 구동축전지 안전성 시험시설, 차대동력계, 모터동력계, CAN통신 진단장비, 절연저항 측정기, 베터리팩 충방전 항온실험실, 과충/방전기, 완속충/방전기, 전압/전류/저항 측정기를 갖추고 성능시험대행자에 신고할 것. 다만, 구동축전지 안전성 시험시설, 차대동력계, 모터동력계, 배터리팩 충방전 항온실험실 및 과충/방전기에 대해서는 성능시험대행자와 시설사용계약을 한 경우에 시설을 갖춘 것으로 본다.
2. 교통안전공단이 시행하는 별표 5에 따른 고전원전기장치 등에 대한 안전교육을 이수한 자를 1명 이상 보유할 것
3. 국가기술자격법에서 정하는 전기 관련 자격증을 취득한 사람은 제2호에서 규정한 안전교육과목 중 일부를 면제할 수 있다.

제21조(튜닝 작업 확인서의 발급) 전기자동차로 튜닝작업을 한 자는 튜닝을 신청한 자에게 규칙 제56조제5항에 따라 튜닝 작업 확인서를 발급하여야 한다.

제22조(전기자동차로의 튜닝 승인신청 등) ① 규칙 제56조에 따라 전기자동차 튜닝 승인을 받고자 하는 자는 튜닝승인신청서에 다음 각 호의 서류를 첨부하여 공단에 제출하여야 한다.
1. 제14조제1항에 따라 안전성확인 기술검토를 받은 주요부품내역 및 사진
2. 제15조제1항에 따라 성능시험대행자에 제출한 서류
3. 제19조에 따라 성능시험대행자에서 발급 받은 성적서 사본
4. 그 밖에 공단이 안전성을 확인하는 과정에서 확인이 필요하다고 인정하는 서류
② 제1항에 따라 신청을 받은 튜닝에 대한 검사기준 및 방법은 다음 각 호와 같다.
1. 규칙 제73조 별표 15에서 정한 자동차검사기준 및 방법 중 전기자동차에 해당되는 사항
2. 제1항에 따라 튜닝 승인 신청자가 제시한 주요부품이 안전성 확인을 받을 때와 동일한지 여부. 이 경우 현장 확인이 어려운 부품에 대하여는 제출된 서류를 이용하여 동일성 여

부를 확인을 할 수 있다.
3. 전기자동차의 장치 및 부품 등이 정상 작동되는지 여부
4. 그 밖에 안전상 확인이 필요하다고 인정되는 사항
③ 공단은 튜닝검사를 완료한 전기자동차에 대하여는 자동차보험을 변경하여 가입해야 함을 튜닝 승인 신청자에게 알려주어야 한다.
④ 튜닝 승인 신청을 한 자동차 또는 구조·장치가 다음 각 호의 어느 하나에 해당하는 경우에는 각 호의 사항이 확인된 때부터 해당 차종의 안전성확인 기술검토의 효력을 상실한다. 이 경우 공단은 검사를 부적합 처리하고 지체 없이 국토교통부에 보고하여야 한다.
1. 거짓이나 그 밖의 부정한 방법으로 안전성 확인을 받은 경우
2. 전기자동차 또는 구조·장치가 해당 차종의 안전성 확인을 받을 당시와 다른 경우
3. 안전성확인 기술검토를 받지 아니한 구조·장치를 사용하여 튜닝을 한 경우
⑤ 국토교통부장관은 제4항 각 호에 해당하는 행위가 고의성이 없다고 판단되면 해당 자동차만 부적합 처리하고 그 차종의 안전성 확인 기술검토의 효력은 상실되지 아니하게 할 수 있다.

제23조(튜닝 규정 준용) 전기자동차로의 튜닝 승인·정비·검사에 대하여 제3장에서 정하지 않은 사항은 제2장의 규정을 준용한다.

제4장 업무규정 등
제24조(튜닝에 대한 업무규정 등) ① 공단은 튜닝승인에 관한 업무와 관련된 법령 및 규정에서 정하고 있는 기준에 대한 세부절차가 포함된 업무규정을 마련하여 운영하여야 한다.
② 전기자동차로 튜닝하기 위한 안전성확인 및 구조변경검사 업무를 하는 자는 세부절차가 포함된 업무규정을 마련하여 운영하여야 한다.

제25조(전기차로의 튜닝 인력양성 교육실시) 공단은 제20조제2호의 인력을 양성하기 위하여 매년 수요 등을 파악하여 교육계획을 수립하고 교육과정을 편성·운영하여야 한다.

03

파트별 튜닝 종류

3. 파트별 튜닝 종류

　자동차 튜닝의 범주는 어떠한 기준에 역점을 놓느냐에 따라 무수히 많은 갈래로 나누어질 수 있어 저자는 단순히 부품 개체를 단위로 세분화한 것이 아닌, 튜닝을 하고자 하는 이용자가 어떠한 형식으로 차량의 성능을 업그레이드하고자 하는지, 그 유형에 초점을 두어 튜닝의 종류를 카테고리 화해 보고자 한다.

가. 엔진 및 파워트레인

자동차를 굴러가게 하는 뿌리인 동력체계와 엔진이다. 동력장치에서 생산한 동력을 실제로 구동하는 바퀴까지 전달하는 과정에서 연결되는 모든 기관을 가리킨다. 튜닝 마니아들 사이에서 '튜닝의 꽃'이라고 불릴 만큼 인기도가 높은 튜닝 중 하나이지만, 문제가 발생하면 차량을 제한적으로 사용할 수 있게 되거나 아예 움직일 수 없게 되기에 가장 큰 위험을 감수하고 손을 대는 부분이기도 하다. 나의 자동차가 얼마나 빠르게 굴러갈지, 성능을 좌지우지하는 파워 트레인의 주요 구성 요소는 변속기 / 증 감속장치 / 차동기어장치/ 클러치 등이 있다.

1) 엔진

튜닝 전보다 막강해진 성능을 단번에 체감할 수 있는 가장 쉽고 확실한 방법은 엔진을
향상시키는 것이다. 기존에 있던 엔진을 튜닝하거나 혹은 새로이 개발한 엔진으로 출력을 높
인다. 기술과 방법에 따라 과급튜닝, 흡/배기튜닝, ECU 튜닝 등으로 나눌 수 있다.

먼저 **흡기 튜닝**이다. 엔진은 흡입 - 압축 - 폭발 - 배기의 순서로 기관을 행정 한다고 할
수 있겠다. 여기서 흡기는 말 그 대로 공기를 빨아들이는 것이고 배기는 뱉어내는 것을 의미
해 사람으로 치면 코의 호흡 과정과 같다. 호흡이 원만해야 뜀박질에 무리가 없는 원리를 동
일하게 이용하여 엔진으로의 공기 유입을 원활하게 해 준다면 차 역시 원활히 달릴 수 있게
된다. 방법은 여러 가지이다. 에어클리너의 타입 을 교체(박스형에서 오픈형 으로)하거나 용량
을 교체하는 등의 방법이 있다. 흡기 매니폴드 교체를 통해 흡기가 매끄럽고 빨리 엔진으로
들어올 수 있게 만드는 방법 또한 있다.

둘째, **배기 튜닝**은 배기 매니폴드 및 머플러(미드 머플러, 엔드 머플러)를 교체해 배기가 보
다 매끄럽고 빨리 배출할 수 있게 한다. 흡배기 튜닝은 과급튜닝에 비해 출력 상승의 폭은 적
지만 엔진 자체가 가진 출력과 토크를 효율적이고 충분히 사용할 수 있게 되고, 소음이 전보
다 크게 차이나지 않아 흡배기 고유한 숨소리를 들을 수 있다는 장점이 있다.

흡/배기 튜닝은 별도의 과급기 없이 자연적으로 흡기량을 늘리는 데에 목적이 있는 **N/A
튜닝, 즉 Natural Aspiration(자연흡기)에 속한다.** 자연흡기 튜닝의 범주에는 흡배기 튜닝 외
에 오일튜닝, 하이캠 튜닝(하이리프트 캠샤프트로 교체), 엔진 압축비 높이기 등이 있다.

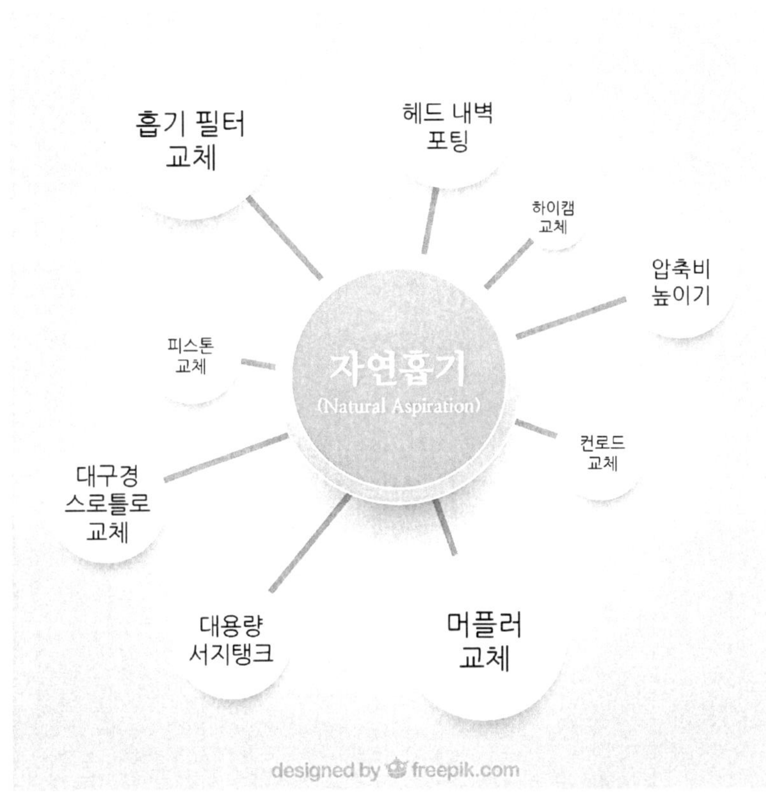

그림 63 자연흡기(Natural Aspiration) 튠의 종류

Infographic vector created by freepik - www.freepik.com

허나 흡기와 배기의 튜닝만으로는 드라마틱한 마력 상승을 기대할 수 없기 때문에 비과급 자연흡기는 까다로운 튜닝 중 하나로 꼽힌다. 그리하여 폭발적이고 큰 폭의 토크 향상을 바라는 오너들은 과급튜닝을 찾는다.

과급튜닝이란 엔진이 원래 흡입할 수 있는 공기량을 강제로 늘려 더 강한 폭발력을 내는데 목적이 있다. 일반적으로 터보차저와 슈퍼차저 를 이용한 시스템으로 엔진에 연결된 터빈을 사용하는 방법이다.

터보차저는 엔진에서 연소 후 발생하는 배기가스의 압력을 이용해 공기를 압축시켜 배기 미니 폴더에 연결된 터빈을 돌리고, 터빈을 통해 흡입된 공기를 인터 쿨러가 식혀 밀도를 높인 후 엔진에 주입하게 한다. 자연흡기 엔진보다 연소실로 보다 많은 공기를 과급할 수 있기 때문에 터보 튜닝은 강력한 가속력을 장점으로 꼽을 수 있다.

하지만 터보차저를 장착하여 엔진에서 엔진 크기에 맞지 않게 터빈의 용량을 무리하게 키울 경우 터보렉5)으로 인한 리스폰스의 악영향을 불러일으킬 수 있다. 또한 같은 사이즈의 터

---

5) 내부의 터빈을 돌려 공기를 강제적으로 주입하는 동안 필연적으로 약간의 시간 차가 발생하게 되는데

빈이라고 해도 무리하게 출력을 상승시키기 위해 부스트압을 과하게 올려 공기를 무리하게 밀어넣을 경우 내구성에 심각한 손상을 입힐 수 있어 주의해야 한다.

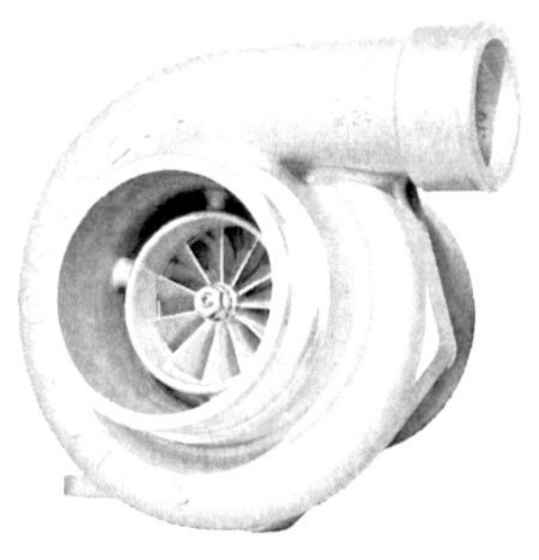

그림 64 터보차저

작은 엔진에 복발적인 출력을 불어 넣는 터보 튜닝에 비해 세팅이 까다롭고 시동과 동시에 컴프레서가 작동하기 때문에 엔진 출력에서는 약간 손해를 보지만 터보 렉이 없어 저속에도 꾸준한 출력을 낼 수 있는 것이 장점이다.

그러나 여전히 자연흡기 엔진에 대한 선호 또한 지속적으로 이어지고 있다. 밟는 만큼의 반응이 나타나는 정직하고 자연스러운 응답성, 터보 엔진에 비해 흡입 온도로 엔진이 지치는 일이 적어 지구력이 좋고, 합리적인 가격대와 쉬운 유지·관리 등은 자연흡기 엔진의 특장점이다.

항목	자연흡기 엔진	터보 엔진
장점	자연스러운 응답성	높은 연료소비효율
	합리적인 관리비	강력한 동력성능과 가속감
	상대적 용이한 유지 및 관리	작은 배기량 대비 높은 출력
	내구성 등	등

표 22 자연흡기 엔진/터보 엔진의 장점

이것을 '터보렉'이라고 한다.

이처럼 두 튜닝 방식의 엔진을 비교해 보았을 때 각자만의 강점을 지니고 있어 어느 엔진의 편에 서서 절대적으로 뛰어나다고 손을 들어 주기에는 무리가 있다. 현재에도 많은 제조사들이 자연흡기 엔진과 터보 엔진을 병행하여 사용하는 것은 이러한 이유 때문이다. 다양한 차종에 두 엔진을 조화롭게 적용하여 도로 위에서의 진가를 최대치로 이끌어내고 있다. 그렇다면 실질적으로 한 차량에 다른 두 개의 가솔린 엔진을 탑재하여 수치적으로 비교·분석하여 보자.

그림 65 기아 K5 가솔린 엔진 탑재 도출
결과

먼저, 자연흡기 방식의 누우 2.0L CVVL 엔진은 6500rpm에서 163마력을 만들어 냈다. 1.6L T-GDI 엔진은 상대적으로 낮은 5500rpm에서 180마력의 최고 출력을 만들었다. 최대 토크 면에서도 차이를 보인다. 자연흡기 엔진은 2.0L 배기량에서 적절히 기대할 수 있는 수치인 20.0kgf·m를 4800rpm에서 발생시킨다. 터보 엔진은 1500~4500rpm 구간에서 27.0kgf·m의 최대 토크를 만들었다.

한편, 슈퍼차저는 대기압을 그대로 흡입시키는 것이 아니고 압력을 올려서 흡입시키는 장치의 총칭이다. 자동차에서는 스포츠카 등에서 출력을 높이기 위해서 이용했다. 터보차저가 베기 에너지를 쓰는 것과는 달리 엔진 동역을 쓰는 것이다.

또한, 슈퍼차저는 엔진에 직접 연결된 컴프레서 압축 공기를 만들어 터빈을 돌린다. 때문에 터보 렉이 최소화돼 저속에서도 꾸준한 출력을 낼 수 있는 장점이 있고, 또한 배기가스를 이용하지 않기 때문에 배기열 노출이 되지 않아 온도 관리 에서 더 편하다.

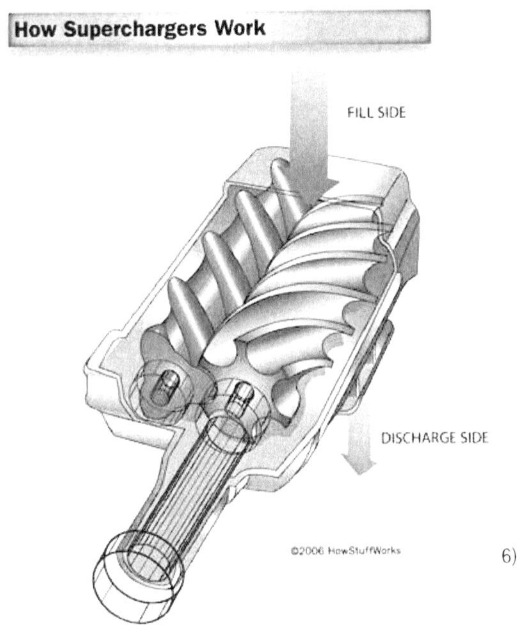

그림 66 트윈 스크류 슈퍼차저의 작동 원리

2) 파워트레인

자동차 구동의 원천이 되며 동력장치에서 생산한 동력을 차량이 움직일 수 있게 바퀴까지 전달, 부여하는 과정 중에 필요한 모든 부품과 장치를 총칭한다. 구동 방식과 각종 운행지원 장비 등에 따라 파워트레인을 구성하는 장치의 종류와 개수는 모두 달라지지만, 저자는 공통 분모에 해당하는 장치와 시스템의 튜닝에 대하여 서술해 보고자 한다.

먼저, 변속기를 교체하는 법이 있다. 튜닝을 통해 강력해진 엔진에 알맞는 강력한 변속계통도 필수 요소이다. 가볍게는 압력판 이나 클러치판, 플라이휠을 바꿔서 타 차종의 엔진에 호환되도록 제작된 키트를 사거나 제작품으로 통째로 바꿔 버리는것까지, 변속기도 다양하게 손을 볼 수 있다.

두 번째는, 구동계를 교체하는 경우도 있다. 기존의 구동계를 오너의 목적에 맞게 엔진 위치를 바꾸어 전륜에서 후륜, 혹은 후륜에서 전륜 방식으로 교체한다. 끝으로 ECU 맵핑에 대해 알아보고자 한다.

---

6) howstuffworks

ECU(Electronic Control Unit or Engine Control Unit, 엔진제어장치, 혹은 전자제어 유닛)는 자동차의 엔진, 자동 변속기, ABS 따위의 상태를 컴퓨터로 제어하는 전자제어 장치이면서, 애초의 개발 목적은 당시에는 점화시기와 연료분사, 공화전, 한계값 설정 등 엔진의 핵심 기능을 정밀하게 제어하는 것이었다. 그러나 차량과 컴퓨터 성능의 발전과 함께 자동변속기   제어를 비롯해 구동, 제동, 조향계통 등 차량의 모든 부분을 제어하는 역할까지 하고 있다.

그림 67 ECU

ECU는 센서로부터 신호를 입력받는 입력 인터페이스, 순서에 따라 데이터를 연산 처리하는 컴퓨터(마이크로 컴퓨터), 그리고 계산에 따라 액추에이터를 제어하는 출력 인터페이스로 구성된다. 엔진제어를 예로 들면, 엔진의 회전수와 흡입 공기량, 흡입 압력, 액셀러레이터 개방 정도 등에 맞추어 미리 점해 놓은 점화시기 MAP값과 연료분사 MAP값 등을 조화하여 수온센서, 산소센서 등을 보정하고 인젝터의 개폐율을 조정한다. 이로 인해 연료의 분사량과 점화시기를 결정하고, 엔진이 망가지지 않도록 각 항목별 수치에 한계값이 설정되어있다.

또한, ECU가 제어하는 기능 중 가장 중요한 부분이 바로 '연료분사장치'이다. ECU는 적절한 양의 연료를 엔진에 공급하고, 가장 효율적인 점화 타이밍과 출력을 실현할 수 있다. ECU는 가속 페달을 밟은 정도, 엔진 회전수, 냉각수 온도, 공기 흡입량 등에 따라 연료 분사량을 제어한다. ECU에 의해 제어되는 주요 항목과 내용을 아래 표로 정리해 보았다.

항목	목적
연료 분사량	엔진의 RPM과 스로틀 포지션을 조정할 수 있도록 한다.
점화 시기	각 실린더에서 언제 점화가 일어나야 하는지를 조정한다.
공회전 제한	엔진의 한계 RPM 값을 제어한다.
냉각수 온도	엔진이 식었을 때 추가적인 연료 공급 여부를 계산한다.
연료 압력 상태 확인	연료압의 보정을 위해 연소시간을 조정한다. (저압 연료 시 연료 시간 증가)
공기 연료 혼합비 제어	이상적인 연료 흡합비(14.7:1)의 비율을 유지하며 연소효율을 높인다.

표 23 ECU에 의해 제어되는 주요 지표

'ECU를 맵핑한다'라는 개념은 출고 시 자동차가 가지는 고정값을 기억하고 있는 ECU를 출력과 토크 최적화의 목적으로 새로운 스펙의 수치를 세팅하는 행위를 의미한다.

ECU 맵핑은 연료에 따라 방식의 차이가 가진다. 가솔린 차량은 점화시기를 조정하여 출력을 높이는 방식이다. 이때 고급 휘발유와 같이 옥탄가가 높은 연료를 사용하면 점화 시기를 증가시킬 수 있고 이로 인해 엔진성능의 향상이 이루어지는 방식이다.

반면, 디젤 차량은 가솔린 차량에서의 점화시기를 조정하는 것보다 더 높은 출력증가 효과를 보면서 연비에서도 손해를 거의 보지 않는 것이 특징. 또한 가솔린 차량보다 노킹에 대한 위험성이 적기 때문에 더 안전한 것이 장점이다.

　최근 국내에서도 ECU가 장착된 커먼레일 디젤(CRDI: Common Rail Direct Injection) 차량의 맵핑에 대한 관심이 높아지고 있는 것도 다 같은 이유라고 할 수 있다. 여기에는 물론 국내 SUV 차량의 대부분에 커먼레일 디젤 엔진이 얹혀진 이유도 존재한다.

　국내에서는 아직 ECU 맵핑이라는 단어가 생소한 것이 사실이다. 하지만 유럽을 포함한 자동차 선진국의 경우 이미 ECU 맵핑이라는 튜닝이 출력의 향상을 위해 빠뜨릴 수 없는 부분이 되었다. 중요한 것은 ECU 튜닝자체로 파워를 높이는 것보다는 하드웨어적인 보강이나 변화를 준 후에 ECU맵핑을 하는 것이 더욱 효과적이라는 것이다.
　　또한, 내구성을 고려해 과도한 출력 상승 보다는 안정적이면서도 차량 내구성이 보장되는 수준에서의 연비를 고려해 튜닝 되어야 한다는 것이다.[7]

　마지막으로 임의로 ECU 튜닝을 맵핑한 차량은 제조사에서 AS 서비스를 거부할 우려가 있다.　보증 기간이 유효하여도 ECU 맵핑이 이루어진 차량은 내구성 보증이 쉽지 않기 때문이다. 이에 ECU 튜닝은 필히 검증된 전문 튜너와의 면밀한 상담을 통해 진행되어야 하겠다.

---

7) ECU와 ECU 맵핑이란?/ 오토인사이드

나. 서스펜션

　Suspension, 한문으로는 현가장치(懸架裝置)라고 불리는 서스펜션은 차량의 차륜과 차체를 연결하는 장치이다. 노면 충격의 흡수와 타이어 접지력을 확보하는 역할을 한다. 그냥 충격 흡수용이라고 생각하겠지만 자동차에 엔진, 브레이크, 타이어와 더불어 가장 중요한 부품 중 하나로, 충격 흡수량을 바꾸는 것만으로도 차의 거동을 완전히 바꾸어버리는 물건이다.
　또한, 노면을 주행하며 생기는 충격이 차체나 탑승자에게 전달되기 전에 흡수하여 차량의 내구성을 보존하고 승차감을 개선하며 탑승객의 피로를 줄이는 역할을 한다. 초창기의 마차나 자동차 등에는 아예 존재하지 않아 승차감이 매우 불편했으나 기술발전으로 인해 자전거 체급을 넘어서는 각종 차량에 필수적으로 장착하는 물건이 되었다.

　서스펜션의 종류는 매우 다양하지만 좌우 바퀴가 차축에 고정된 여부를 기준으로 크게 일체형, 독립형으로 나누어 볼 수 있다.

　리지드 액슬이라고 해서 모두 리프 스프링을 쓰는 것도 아니고, 독립현가장치라도 리프 스프링을 쓰는 사례도 있기 때문이다. 특히 토션빔과 토션바를 많이 혼동하는데, 맥퍼슨 방식이라도 토션바를 스프링으로 쓰기도 하며(포터, 갤로퍼, 구형 스타렉스) 토션빔은 빔 액슬 자체가 비틀리며 스태빌라이져 역할을 할 뿐 완충은 코일 스프링으로 한다.

　코일 스프링은 선형적인 특성 때문에 승차감이 좋아 승용차량에 가장 많이 사용하고, 리프 스프링은 판 형태의 스프링이다. 토션바는 봉형태의 스프링으로 비틀림 강성을 활용한다. 에어스프링은 공기압으로 지탱하는 스프링으로 공기압 유지를 위해 별도의 에어컴프레서가 필요하면서, 대형 고급 승용차나 일부 오프로드 suv, 초대형 상용차에 쓰인다.

일반 양산 승용차에 가장 널리 적용되고 있는 독립식 서스펜션의 종류에는 맥퍼슨 스트럿 방식 / 더블 위시본 방식 / 멀티　링크식이 있다. 분류 기준은 연결 Point 갯수에 있다. 구조가 복잡하고 연결된 링크가 많아질수록 제품의 가격은 고가로 책정된다.

1) 맥퍼슨 스트럿 서스펜션 (Macpherson strut suspension)

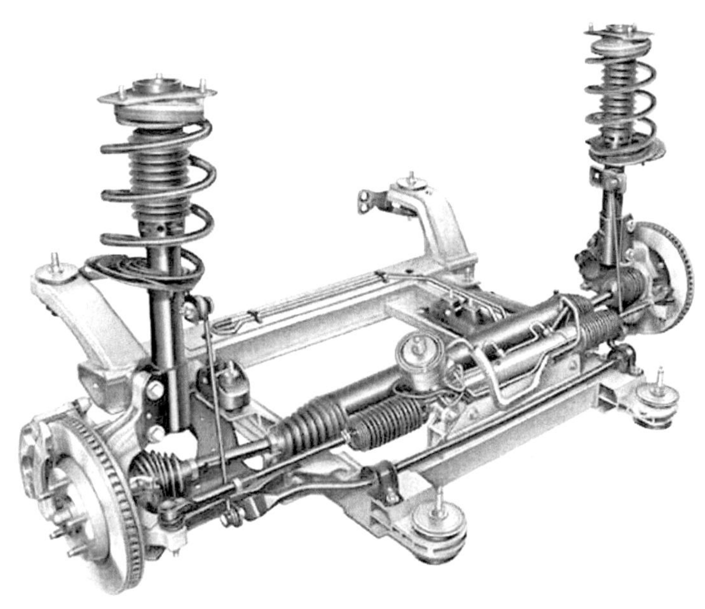

그림 69 독립형 맥퍼슨 스트럿 방식 서스펜션

연결점 : 1점

우선 맥퍼슨 스트럿 방식은 전륜구동 자동차의 앞바퀴에 널리 쓰인다. 1점으로 연결되어 있는 만큼 구조가 간단해 가벼운 만큼 마모나 손상되는 면적이 적다. 또한 더블 위시본 방식보다 넓은 공간을 확보할 수 있어 활용에 용이하다. 앞바퀴 굴림차의 엔진을 가로로 얹을 수 있어 주로 중형 이하의 승용차에 이용되는, 세계적으로도 가장 많이 이용되는 서스펜션이다.

다만 1점 지지이기 때문에 서스펜션의 자유도가 낮아 상하방향 이외의 좌우방향에서 전달되는 진동이나 충격에 약하며, 이를 보조하기 위해서는 스트럿과 쇼크 옵져버의 강성을 키워 비틀림을 보강할 수 있다.

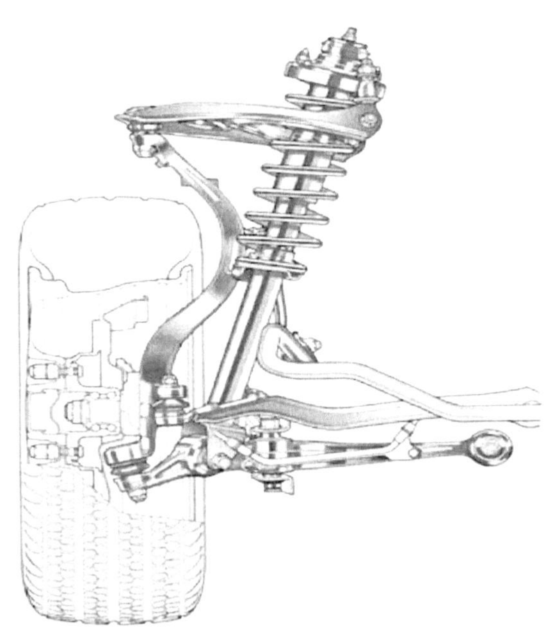

2) 더블 위시본 서스펜션 (Double Wishbone Suspension)

그림 70 독립형 더블 위시본 방식 서스펜션

연결점 : 2점

더블 위시본 방식은 새의 쇄골(Wisbone) 모양을 닮은 Y자의 암(Arm)이 상하 두 개의 구조물로 바퀴를 지지하는 형상으로 이루어져 있다. V나 Y모양으로 갈라진 암의 모양이 새의 쇄골을 닮아서 위시본이라 하고 이 위시본이 두 개 있으므로 더블위시본이라 한다. 후륜에 사용될 경우에는 전륜에서 타이로드가 들어갈 자리에 컨트롤 링크가 들어간다. 주로 중형 이상의 차량이나 스포츠카, SUV의 전륜에 많이 사용되나, 주행성을 강조하는 경우 후륜에도 사용된다. 독립식 서스펜션이 적용된 트럭에도 많이 사용되는데, 3세대 볼보 FH 같은 대형 트럭의 전륜에도 사용된다. 따라서 의외로 한국에서 가장 많이 팔린 전륜 더블 위시본 서스펜션 장착 차량은 다름 아닌 현대 포터. 두 번째는 봉고 트럭이다.

어퍼 위시본을 없애고 로워 위시본에 붙어있던 댐퍼의 하단을 너클에 붙이면 맥퍼슨 스트럿 서스펜션이 된다. 상하 위시본 컨트롤 암을 각각 두 개의 링크로 나눠 킹핀 축을 너클의 볼 조인트가 아닌 그 바깥쪽에 위치하도록 가상 전타축을 만들어주면 최초의 멀티링크 서스펜션이자 고급차 서스펜션의 상징인 5링크(로워 링크 2개, 어퍼 링크 2개, 컨트롤 링크 1개, 총

5링크) 멀티링크 서스펜션이 된다. 가상 전타축으로 인한 효과는 로워 위시본이 크기 때문에, 원가절감+경량화 목적도 있고, 킹핀 축을 눕혀서 스크럽 반경을 줄일 수도 있기 때문에 어퍼 위시본은 그냥 두고 로워 위시본만 두 개의 링크로 나눈 3링크 (로워 링크 2개, 컨트롤 링크 1개, 총 3링크) 멀티링크도 자주 쓰인다.[8]

____

8) 더블 위시본 서스펜션/ 나무위키

3) 멀티링크 서스펜션 (Multilink Suspension)

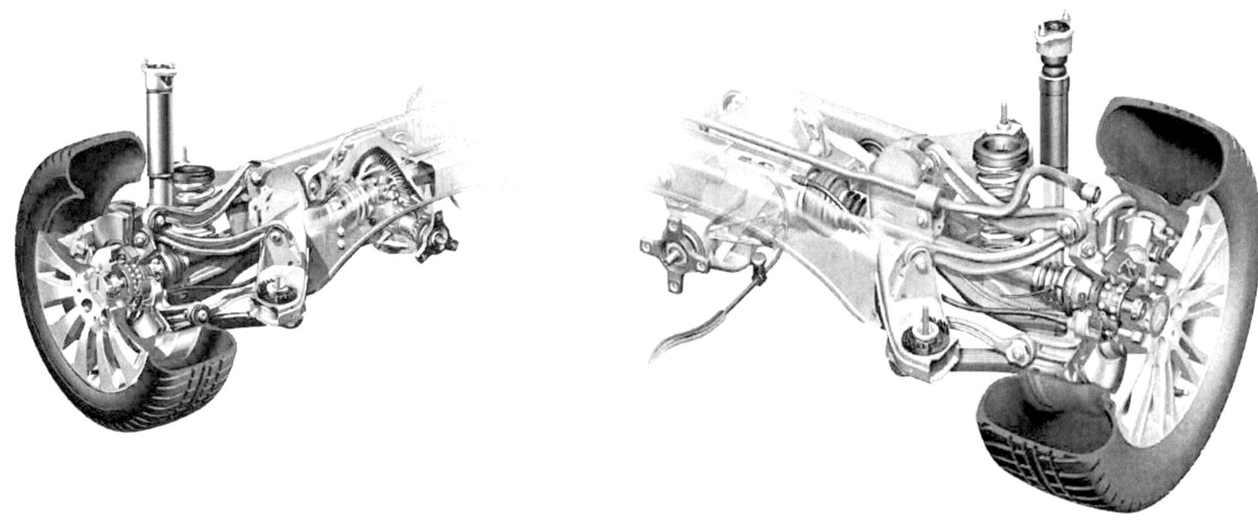

그림 72 독립형 멀티링크 방식 서스펜션

연결점 : 다수 지점

멀티링크 방식은 더블 위시본 서스펜션을 기본으로 하여 개발한 방식이다. 위아래 두 개의 서스펜션암으로 이루어지는 더블 위시본 서브펜션과 달리 독립된 여러 개의 암으로 이루어진다. 모든 암이 물리적으로 떨어져 있으므로 배치가 자유롭고, 설계를 정교하게 할 수 있다.

또한, 여러 개의 암이 지지하므로 전후*좌우 바퀴에 구동력이 걸린 상태에서 서스펜션이 상하로 이동했을 때 일어나는 얼라이먼트 변화에 대처하기 쉽고, 타이어를 노면에 접지시키는 능력이 튀어나다. 따라서 고속으로 달릴 때 불안정해지기 쉬운 고성능 앞바퀴 굴림 차량이나 고출력 뒷바퀴 굴림 차량의 접지력을 확보하기 위해 리어 서스펜션으로 장착되는 경우가 많다.

하지만, 구조가 복잡해서 제작비가 비싸고 무게도 많이 나가지만, 얼라인먼트 변화를 항상 최적 상태로 제어하여 조종 안정성을 확보할 수 있다. 일부 고급차와 스포츠카에 한정적으로 쓰인다.

마지막으로 안전한 튜닝을 위해 앞서 대비하고 숙지해 두면 이로울 서스펜션 점검을 요하는 경우들을 요약해 보았다.

- 차량에 소음이 발생하고 승차감이 떨어지거나 차가 한 쪽으로 차체가 쏠리는 느낌을 받는 경우
- 출발시나 급가속시 차 앞부분이 크게 들리는 경우
- 급제동시 앞으로 심하게 쏠리고 뒤가 들리는 경우
- 저속으로 과속방지턱을 통과할 때 차체 하부가 닿는 경우
- 댐퍼에서 오일이 새는 경우
- 타이어에 편마모가 있는 경우
- 측면 바람이나 대형차가 지나갈 때 차의 흔들림이 심한 경우
- 출고 후 2년 이상. 또는 4만 km 이상 주행하고 서스펜션 점검을 안 받은 경우
- 비포장 도로나 지형이 험한 오프로드를 자주 운행하는 경우
- 급커브가 많은 도로를 많이 운행하는 경우
- 장거리 및 장시간 운전을 많이 하는 경우

다. 휠/타이어

별도의 구조 변경이 필요 없으며 비용도 상대적으로 저렴하고 간단하기 때문에 가장 많이 접할 수 있는 튜닝이다. 특히 양산차의 출고용 휠이 대형화되면서 이에 어울리는 고성능 타이어를 찾는 손길이 많아졌다.

순정의 무거운 주조 알루미늄 휠 대신 가벼우면서도 튼튼한 단조 알루미늄이나 마그네슘 휠을 사용하여 현가하질량(현가장치, 즉 서스펜션 아래의 질량)과 바퀴의 관성 모멘트를 감소시켜 로드홀딩을 향상시키고 가·감속을 향상시킨다.

전체적인 바퀴의 직경을 유지하면서 커진 휠을 사용하는 휠 '인치업'이 대표적이다. 인치업은 차량의 핸들링과 제동력, 조종 안정성을 향상하기 위해 자동차의 휠, 즉 타이어 림(RIM) 외경을 높이고 고성능타이어(UHP)를 장착하는 것을 의미한다. 튜닝 전보다 더 큰 휠과 폭이 넓은 타이어를 끼우는데, 이때 타이어의 바깥지름은 그대로 둔 채 안지름을 1인치 키워 타이어의 편평비(타이어 단면의 폭에 대한 높이의 비율) 값을 줄여 접지력을 확보하게 되면 안정된 코너링과 주행이 쉬워지고 승차감에도 영향을 주게 된다.

인치업을 통해 스포티한 디자인의 외관을 얻을 수 있고 코너링 성능과 핸들링, 스티어링 필링 모두 향상된다. 타이어 변형이 적기에 열 발생도 덜하고 휠 안쪽 공간이 널널해 브레이크의 방열에도 유리하며, 큰 열용량을 가지는 대구경 디스크 로터의 사용이 가능하다. 그러나 휠을 크기가 커질수록 무거워져 현가 하 질량이 늘어나므로 로드홀딩과 승차감이 나빠지고, 바퀴의 관성 모멘트가 커지므로 연비, 가속력, 제동력이 떨어진다. 2010년대 이후에 출시된 차량의 경우 출력에 비해 과하게 큰 휠을 달고 나오는 양상이 많아져 오히려 인치 다운을 택하는 디자인이 아닌 퍼포먼스 위주 취향의 차주들도 있다.

무조건 큰 타이어가 좋은 것이 아니라 내 차의 규격에 맞는 타이어를 선택하는 것이 좋은 타이어 선택법이다. 지나친 인치 업은 오히려 차량의 성능을 떨어뜨리고 안전에도 위협이 되니 필시 전문가와 충분한 상담을 거친 후 꼼꼼히 진행해야 한다.

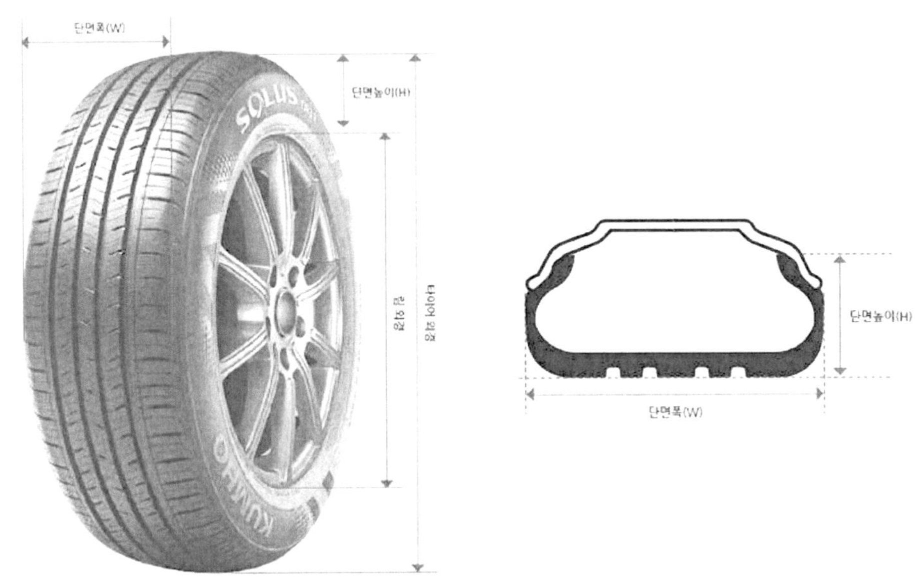

그림 74 타이어 규격

◆타이어 편평비(타이어 단면의 폭에 대한 높이의 비율) 계산법은 아래와 같다.

$$\text{편평비} = \frac{\text{타이어 단면높이(H)}}{\text{타이어 단면폭(W)}} \times 100$$

$$[\text{예}] \ 60시리즈 = \frac{60mm \ \text{단면높이(H)}}{100mm \ \text{단면폭(W)}} \times 100 = 60$$

[9]

그림 75 편평비 계산 공식

---

9) 타이어프로 웹사이트

라. 브레이크

　브레이크 튜닝은 자동차 안전에 가장 중요하면서 다른 부분들처럼 꾸미고 구조나 장치를 변경하고 부착하는 것이 아닌 브레이크의 성능을 올려주는 작업이면서 멈춰야할 상황에서 잘 멈추기 위해 작업하는 것이다.

　브레이크 튜닝은 튠 업 튜닝의 일종으로 디스크 방식과 드럼 방식으로 나누어진다. 디스크 브레이크의 주요 구성 요소는 디스크, 패드, 캘리퍼 등으로 이루어져 있고 그 외 디스크로터 / 하이드로백 /브레이크 액 / 브레이크 호스 / 에어덕트 등을 대상으로 튜닝이 이루어진다.

그림 77 브레이크 디스크 작동 원리

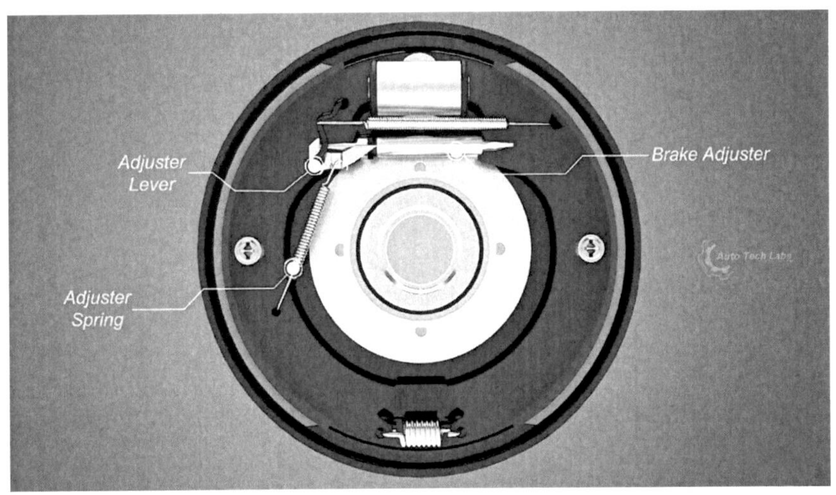

그림 78 드럼 브레이크 작동 원리

10)

이 중에서 가장 많이 시행되고 있는 브레이크 디스크 및 패드 튜닝은 자동차관리법에 의하여 승인 없이 진행할 수 있는 경미한 튜닝으로 정의되고 있다. 또 인증된(제작사의 순정 부품과 한국자동차튜닝협회의 인증 부품) 캘리퍼 실린더 변경은 안전 기준 및 성능 저하가 발생하지 않는 범위 내에서는 별도의 승인 없이 자율적으로 변경이 가능하다. 허나 인증을 받지 않은 부품을 사용할 경우, 반드시 승인을 거쳐 튜닝 작업에 돌입해야 한다.

1) 브레이크 패드 튜닝

브레이크 튜닝 중에서도 경미한 튜닝에 속하며 접근이 가장 쉬운 항목이다. 소유한 차에 알 맞는 '튜닝용' 패드로 교체만 하면 된다. 사실상 패드를 바꾼다고 제동 성능이 반드시 개선된다고 호언할 수 없지만 어떠한 주행 패턴을 소유했느냐에 따라 효과가 나타난다.

튜닝용으로 많이 사용하는 패드는 메탈 성분 함유량을 기준으로 '스포츠'와 '레이싱' 패드로 나뉘는데, ① 레이싱 패드 ②스포츠 패드 ③ 일반 패드의 차례로 구동을 시작하기까지 더 많은 열을 필요로 한다. 열을 받은 이후에는 일반 패드보다 제동성능과 내구성이 확연하게 좋아진다. 특히 레이싱 패드는 악조건에서 더욱 빛을 발하지만 일반 도심 운전자에게 꼭 필요한 것 은 아니다.

2) 브레이크 디스크 튜닝

디스크 역시 일종의 마찰제이지만 패드처럼 마모되지 않고 운동에너지가 열에너지로 바뀔 때 발생하는 열을 흡수하는 역할을 한다. 하지만 열을 지속적으로 받게 된다면 마찰제로서의 기능이 떨어지고 변형의 위험성이 있기에 디스크로터의 온도를 내려 주는 것이 중요하다. 이 부분을 보완하기 위해 구멍을 뚫거나 사선을 그은 튜닝용 디스크로 교체하여 튜닝한다.

---

10) Autotechlabs YOTUBE

3) 캘리퍼 튜닝

그림 79 캘리퍼 튜닝 교체

　캘리퍼는 패드와 디스크를 맞물리게 하는 제품이며, 힘이 셀수록 기능적으로 좋은 제품이다. 다만, 캘리퍼 튜닝은 캘리퍼만 교체 하는 것이 아닌 캘리퍼 크기에 맞는 패드와 디스크를 교체해야 한다. 캘리퍼를 교체하게 되면 패드와 디스크가 맞물리는 힘이 커지게 되고 마찰 면적도 넓어져서 브레이크 제동성에 많은 효과를 볼 수 있다. 하지만, 캘리퍼 튜닝시 패드와 디스크도 교체 하면서 차축과 동일한 선상의 무게가 증가하게 되므로 자동차의 가속성능은 떨어질 수 있다.

마. 경량화 및 무게 배분

　　차체 경량화는 퍼포먼스 포인트를 크게 끌어올릴 수 있는 실효적인 요소이면서 현대의 환경 문제와 직결되어 적은 연료 소모와 유해물질 배출을 위해 선택이 아닌 필수가 되었다. 세계 각국 정부와 환경 관련 협력 기구들이 연비의 획기적 개선과 배기 감축에 관한 높은 기준을 설정한 결과 최근 자동차 회사들은 추세에 발맞추어 진보된 경량화 선행 기술 개발에 매진하고 있다.

　　이에, 자동차 연료 소비의 약23%는 차량 중량과 관련이 있다. 무거울수록 연료 소비가 늘어난다고 볼 수 있다. 때문에 기존의 내연기관 차량에 비해 연료 효율성이 떨어지는 문제를 극복하고 1회 충전당 주행거리 내연기관 자동차 수준으로 끌어올려야 하는 과제를 안고 있는 전기차의 경우 연료 효율을 늘리기 위해 차량무게를 조금이라도 줄이는 것이 아주 중요하다.

　　한국자동차연구원에 따르면, 1,500kg의 승용차 무개를 약 10% 줄일 경우 연비는 4~6%, 가속 성능은 8% 향상되고 이외에도 제동정지 거리 단축, 핸들 조향 능력 향상, 섀시 내구 수명 증가, 배기가스 감소 등 다양한 효과를 거둘 수 있다. 다만, 차량 경량화는 단순히 무게 감소 시키는게 아니라, 제동 안정성 향상을 기본 요건으로 만족시키면서 제조단가, 생산성 및 강도 를 함께 개선해야 하기 때문에 많은 기술적 노력이 필요한 분야다.

　　경량화의 원리는 엔진을 구성하는 각 파트들을 가볍게 함으로써 회전관성을 줄여 엔진의 한계회전수를 상승시켜 최대출력을 높이고 반응성동을 함께 향상시키는 데에 있다. 그렇다면 무게를 어떻게 줄일 것인가? 우리는 그 해답을 이미 알고 있다. 순정부품을 가벼운 재질로 교체하거나 주행과 관계없는 부분을 아예 제거하면 된다.

경량화의 효과 첫 번째, 가속력이 눈에 띄게 증가한다. 무게가 줄어들면 단위무게 당 가해지는 힘이 커지므로 가속력이 크게 상승한다. 두 번째, 연비가 증가한다. 가속에 필요한 연료 소모량이 줄어듦으로써 연료 효율성이 좋아진다. 세 번째, 가속력 증가에 따라 최고속도가 증가한다. 네 번째, 코너링 성능이 증가한다. 코너링에 영향을 주는 중요한 인자인 하중이동은 차량의 무게, 무게중심의 위치, 트레드(좌우 휠 사이의 간격)에 영향을 받는다. 차량이 코너를 돌 때 원심력에 의해서 코너 바깥쪽 휠로 차량의 무게가 쏠리게 되고, 코너 안쪽 휠로는 상대적으로 무게가 가벼워지게 된다.

이를 횡방향 하중이동, 줄여서 하중이동이라고 하고, 하중이동에 의해 타이어의 접지력이 바뀌게 되는데, 하중이동이 크면 코너 바깥쪽에서 무게가 증가하면서 얻는 접지력보다 코너 안쪽에서 감소하면서 잃는 접지력이 더 크게 된다.

다섯 번째, 더 적은 힘으로도 효과적으로 차체를 멈출 수 있게 되어 브레이크 성능이 증가했다고 볼 수 있다. 끝으로 타이어에 가해지는 부담과 마모가 덜해져 내구성이 증가한다.

반면, 경량화의 단점으로는 밸런스 붕괴 위험을 꼽을 수 있겠다. 일반적인 경량화의 대상 부품들은 주로 실내나 차량 뒤쪽에 몰려 있다. 이러한 경우 지나친 경량화는 전후 무게 밸런스가 앞쪽으로 치우쳐 움직임을 방해할 가능성이 발생한다. 반대로 중량물이 앞쪽에 쏠린 차량 역시 마찬가지다. 또, 윈도우나 시트 등과 같이 어느 정도 차체 강성을 보조하는 역할을 함께 하고 있는 실내 부품들을 제거함으로써 차체 강성이 저하될 수 있다.

마지막으로 편의성이 떨어질 우려가 있다. 대체로 경량화의 우선 대상은 주행과는 상관없는 탑승자가 이용하는 시설일 가능성이 크기 때문에, 일상생활에서 이용하는 차라면 편의성을 해치지 않는 선에 맞춰 튜닝을 하는 것이 좋다.

더불어 달리는 데에 필요한 부분 밖의 모든 부분을 떼어내는 극단의 방법 외에도 각 파트의 위치를 바꿔 주는 방식으로도 무게 조절이 가능하다. 가령 배터리의 위치 교환이 좋은 예시이다.

고성능, 퍼포먼스 위주의 강도 높은 튜닝을 시도하는 오너들에게는 통과의례처럼 거쳐야 하는 관문이다. 서스펜션 튜닝, 대용량 브레이크 교체, 하이그립 타이어, 출력 증대와 같이 차체에 직접적으로 부담을 주는 하드한 튜닝을 하기 전 차체 강성을 높여 견딜 수 있는 일련의 튼튼한 뼈대를 만드는 과정이기 때문이다. 제아무리 튼튼한 근육을 가지고 있다고 한들 뼈가 단단하지 못하면 쓸모가 없듯이 차체가 받쳐 주지 못한다면 아무리 훌륭한 타이어와 휠, 쇼크 업 쇼버, 엔진을 장착했다고 하여도 가지고 있는 성능을 제대로 발휘하지 못할 것이다. 이것이 자동차 차체 보강이 필요한 이유이다.

그렇다면 차체 강성이란 무엇일까? 차 섀시의 단단함을 가리키며 '차체 강성'이라고 일컫는다. 차체 강성이 높은 차량은 비틀림에 강하고 변형률이 낮아 안전하다는 것을 의미한다. 섀시 보강 튜닝의 중요성을 깨닫고 싶다면 주행 성능과 안정성과의 각각 어떤 연관관계를 맺고 있는지 파악하는 것이 우선이다.

차는 달리는 동안 다양한 힘을 받는다. 충격은 서스펜션과 타이어에서 대부분 걸러지지만 불필요한 비틀림까지는 막지 못한다. 섀시의 비틀림 강성은 핸들링에도 지대한 영향을 끼친다. 타이어는 항상 노면과 일정한 각도를 유지해야 안전하지만, 서스펜션 세팅이 잘되어 있어도 코너에서 섀시가 비틀려 버리면 얼라인먼트(바퀴의 가지런한 정렬상태)가 맞지 않게 되면서 핸들링이 불안해진다. 따라서 차체 보강 튜닝의 원천은 운전자를 지키는 '안전'이 되겠다.

◆ 다음으로는 차체 강성을 향상시키는 방법을 살펴 보고자 한다.

1) 스트럿 바 (스트럿 브레이스)

그림 82 AC 슈니처의 스트럿 바

가장 기본적인 차체 보강 제품으로 정식 명칭은 Strut Tower Barce이다. 주행 시 하중이
집중되는 서스펜션 마운트(댐퍼고정부위) 좌우를 연결한 형태를 띄고 있다. 주로 엔진 룸에 장
착되어 서스펜션 마운트에 가해지는 힘을 차량의 중심으로 모아 쏠림을 방지해 줌으로써 날카
로운 코너링을 가능케 한다. 이러한 이유로 스트럿 바는 모노코크 보디의 차량에 설치되면
더욱 효과적이다. 모노코크 보디는 엔진이 차량 앞쪽 엔진룸 내부를 차지하고 있기 때문에,
무거운 엔진이 원심력의 영향을 받아 보디가 비틀린다. 이를 방지하기 위해 스트럿 바를 부착
하여 코너링 시 노면의 마찰력과 관성, 요철도로 주행, 경사도로 주차로 인해 발생하는 차체
변형과 소음을 방지하여 휠 얼라인 먼트가 틀어지지 않도록 한다.

하지만 측면 추돌사고를 당했을 시 일자로 연결된 스트럿 바로 인해 반대편에 충격이 전해
져 손상될 수 있다. 또한 스트럿바를 장착한 차량이 보행자와 충돌하는 사고가 발생하면, 보
행자는 후드가 찌그러지지 않으면서 완충작용이 일어나지 않는 후드 위로 넘어지게 되면서 크
게 다칠 가능성이 농후하다.

2) 하체 보강

스트럿 브레이스와 비슷한 작업방식이면서, 차량의 아랫부분 섀시 기존 지점에 볼트로 고정해 장착해 상부, 하부 서스펜션 마운트가 움직이지 않도록 방지하는 기능을 한다. 위험한 순간에 핸들링에 도움이 되는 차체 보강이며 부착하는 위치에 따라 언더바, 스테빌라이저 등이 있다.

대부분의 언더 바는 두껍고 무거운 소재로 되어 있어 언더 바에 간섭이 생길 경우 차체에 변형이 오거나 철판이 찢기는 등의 손상이 발생하게 된다. 차의 하부에 장착되는 만큼 노면과의 간섭이 발생하지 않도록 최저 지 상고를 확보해야 한다. 주행 성능 향상을 목표로 하였으나 오히려 무게가 증가해 효과가 미미해질 수 있는 점도 고려해야 한다.

하체를 보강하는 또 다른 방법에는 하체와 보디 부위의 용접 보강이 있다. 대부분 차의 프레임에는 철판 여러 장을 스폿용접으로 연결한다. 이 용접된 부위의 사이사이를 다시 점용접하는 것이다. 이러한 용접부 보강은 무게가 많이 증가하지 않으면서 차체 강성을 높이는 아주 효과적인 방법이다. 실제로 통계에 따르면 양산 자동차의 부분 용접부 사이에 두 부분쯤을 더 용접하는 것만으로도 강성을 30% 더 끌어올릴 수 있는 것으로 나타났다.

그러나 이러한 점용접 작업은 엄청난 시간이 소요되며 용접의 전문 기술이 필요하다. 또한 접합하려는 소재의 부분적 용융을 일으켜서 용접 비드로 이어주는 것인데, 판재의 원래의 조직이 아니기 때문에 크랙은 여기서부터 시작된다. 또, 파단 강도보다 훨씬 적지만 반복에 의해 피로하중이 가해질 경우 속절없이 절단되어 버릴 수 있으므로 전문가와의 면밀한 상담을 통해 진행해야 한다.

3) 롤 케이지 (Roll Cage)

롤 케이지 혹은 롤 바(Roll Bar)라고 불리며, 자동차 내부의 전체, 앞부분, 뒷부분등 있으며, 앞쪽 서스펜션부터 차체 전체를 뒤덮는 케이지도 있더. 대표적인 예는 레이싱 카이면서, 레이싱 카의 경우 조향 성능, 핸들링 향상 시키기 위해 매우 견고하게 작업한다.

더불어 별도의 튜닝 승인이 필요하지 않기 때문에 개인 취미로 서킷 주행이나 와인딩을 즐기는 운전자의 일반 차량에도 역시 큰 무리 없이 설치가 가능하다. 또한 픽업 트럭의 화물 적재장소에 추가로 장착하기도 한다.

스트럿 바가 서스펜션에 연결되어 비틀림을 줄여 준다면 롤 케이지는 실내에 부착돼 비틀림 강성을 높인다.
캐빈(승차 공간)은 일반적으로 차체 다른 부분과 달리 지붕이 높아 코너링에서 받는 비틀림이 엔진 룸이나 트렁크보다 훨씬 심하다. 따라서 캐빈 프레임을 따라 롤 케이지 바를 덧대면 이런 현상을 상당 부분 해결하고 차체 강성을 높일 수 있다.

크기와 구조는 차체와 접합되는 지점 수에 따라 최소 2~4점식에서 16점식까지 다양하다. 물론 접합점이 늘어날수록 그 효과 또한 배가된다. 크기나 생김새도 제각각인데, 기본구조는 섀시 좌우를 파이프로 잇거나 대각선 방향으로 크로스(X자) 바를 넣는 형태도 존재한다.

튜닝 전 파손된 롤 케이비의 바는 오히려 흉기로 전락할 수 있는 위험이 따르고, 뒷좌석을 탈거해야만 장착할 수 있는 공간적 제한과 부품의 무게만큼 차량 자체의 무게도 증가한다는 점을 간과하지 않고 연비적인 부분을 면밀히 따져보아야 한다.

사. 에어로파츠

에어로파츠는 차량의 범퍼에 장착되어 주행시 공기의 저항을 줄여준다. 전, 후면 범퍼와 옆 발판 하단에 장착되어 고속 주행시 공기의 저항을 줄이고 차체가 노면에 밀착될 수 있도록 한다. 단순 부착하는 부착형과 기존의 범퍼와 교체하는 교체형이 있다. 제품에 따라 공기의 저항도가 다르며, 기능성보다는 외관을 꾸미는 용도로 많이 사용된다.[11]

1) 프론트 립

공기가 차량의 앞쪽에 부딪히면서 차량 밑으로 유입된 공기로 인해 차량이 접지력을 잃고 뜨게 될 때 장착하는 프론트 에어댐이며, 프론트 립이라고도 한다. 범퍼 밑에 프론트 립을 장착하면 차량 밑으로 흐르는 공기의 양이 줄어들면서 차량 주변으로 더 많은 공기가 흐를 수 있게 하고, 차를 눌러주는 힘이 생겨 안정성을 높인다.

2) 에어 인테이크

공기 흡입구를 의미하며, 범퍼의 구멍도 에어 인테이크에 포함된다. BMW M이나 벤츠 AMG 같은 고성능 모델을 살펴보면 일반 모델보다 더욱 확장된 인테이크 홀을 갖춘 모습을 볼 수 있다. 이는 과격하고 날렵한 이미지를 심어주는 것 외에도 냉각성능을 높이고 공기를 좌우로 원활하게 배분해 공기저항을 줄이면서 다운포스를 향상시키는 역할도 한다.

3) 사이드 스커트

사이드 스커트는 차량 측면부로 흐르는 공기 흐름과 하부로 흐르는 공기의 간섭을 제어해 주며, 미드쉽 엔진이나 리어 엔진 구조의 경우 리어 펜더에 장착된 에어덕트로 공기를 유도해 냉각성능을 돕기도 한다.

4) 리어 디퓨저

차량 후면 하단에 장착되는 리어 디퓨저는 보통 프론트 대비 심심한 디자인의 리어범퍼에 포인트 역할을 하거나 싱글머플러를 듀얼머플러로 개조하면서 장착하게 된다. 리어 디퓨저는 차체 하부에서 흘러나오는 공기의 유속을 빠르게 하고 다운포스를 발생시키는 역할을 한다.

---

11) 에어로파츠/ 네이버 지식백과

04

산업 유형별 튜닝 종류

4. 산업 유형별 튜닝 종류

가. 빌드 업

일반 승합, 화물자동차를 용도에 따라 적재함을 장착하거나, 내, 외부의 구조를 변경하는 것을 말한다. 소방차, 견인차, 푸드트럭, 캠핑카, 냉장/냉동탑차, 청소차 등이 이에 해당하며, 구조를 변경하는 튜닝이기 때문에 사전에 교통안전공단에 전자승인을 받고 튜닝 후에는 검사소에서 신고된 내용과 같이 튜닝이 되었는지 확인받아야 한다.

또한, 자동차등록원부 및 자동차등록증에 자동차용도, 최대 적재량 및 자동차 총중량 등의 기재사항을 변경해야 한다.

승인이 필요치 않은 빌드 업 튜닝	승인이 필요한 빌드 업 튜닝
화물차 공구함 설치 및 적재함 포장 설치 등	특수구급차, 일반구급차, SUV 적재함의 하드탑, 하프탑, 레커, 방송 보도 차량 등

나. 튠 업

튠 업 튜닝은 자동차의 성능 향상을 위한 엔진 및 동력전달장치, 주행, 조향, 제동, 연료, 연결 및 견인, 소음방지, 배출가스 발산 방지, 등화장치, 완충장치 등을 개선하거나 새 제품으로 교체하는 것을 뜻한다. 제동력 향상을 위해 브레이크 패드, 쇼크업 소 바를 교체하는 등의 튜닝이 이에 해당한다.

대표적으로 자동차의 파워트레인에 관련된 부품을 개조하거나 업그레이드하는 것을 의미하는데 자동차 엔진과 흡기/배기, 변속기, 서스펜션, 브레이크 등과 같은 엔진 및 구동계통을 좀 더 나은 퍼포먼스를 발휘하도록 개선하는 것을 뜻한다. 물론 배기튜닝을 하면서 머플러의 외관이 변화하거나 브레이크의 성능을 올리면서 브레이크의 캘리퍼의 색상과 디자인이 변경되면 이는 드레스 업 효과도 누릴 수 있다.

다. 드레스 업

　드레스 업 튜닝은 소유주의 개인 취향에 맞게 차량의 외관을 변경하거나 색을 바꾸는 것을 말한다. 차량 내부의 방음시설, 오디오 및 스피커, 계기판이나 차량 외부의 색상, 보호필름, 루프톱 텐트, 그릴 가드, 러닝보드, 안테나, 선루프 등 그 종류가 다양하다.

　또한, 드레스 업 튜닝은 차량에 멋을 내는 것으로 많이 이해들 하고 있지만 멋을 내는 용도 이외에도 차량의 주행이나 안전성에 영향을 미치기도 한다. 일례로 차량에 리어 스포일러나 바디 킷을 장착하는 경우 자신만의 취향과 개성을 표출하면서 공기의 흐름을 변화시켜 접지력이 향상되고, 이는 고속 주행에서의 안정성으로 이어지게 되는 것이다.

　그 외에도 드레스업 튜닝은 안개등과 같은 라이트를 튜닝하거나, 자동차의 휠을 바꾸는 것, 그리고 열을 차단하는 썬팅이나 차를 보호하고 광택을 내는 코팅과 랩핑도 드레스업 튜닝 범주에 속한다고 볼 수 있다.

05

국내 튜닝 부품별 기업 현황

5. 국내 튜닝 부품별 기업 현황

가. 방음

1) 대성오토

대성오토는 자동차 보수용품 전문 판매, 유통 사업을 추진하고 있으며 주요 취급 품목으로는 방청·방음, 폴리코, 도장용품 등의 제품이 있다.

대성오토			
대표자	황헌선	설립일	-
소재	서울특별시 구로구 경인로53길 90 1동 B113호		
Tel)	02-2678-3702	H.P	www.daesungauto.co.kr
튜닝 취급 제품	도장용품, 방청·방음 제품		

2) 제일카넷

제일카넷은 전시장 200평, 총 면적 700평의 호남 대규모 자동차 용품 도소매업을 진행하고 있다. 차량 방음, 튜닝, DIY, 인테리어 등 다양한 품목을 취급하고 있다.

제일카넷			
대표자	황기연	설립일	-
소재	광주광역시 북구 중흥동 749-4 제일카넷B/D B동 1층		
Tel)	062-269-3795	H.P	www.zeilcar.net
튜닝 취급 제품	흡음재·흡음 매트, 방진제·방진 매트, LED실내등, 에어로파츠, 스포일러, 프론트 스트럿 바 등		
매출액	2017	4억 4,964 만원	
	2018	3억 9,682 만원	
	2019	3억 802 만원	
종사자 규모	3명		

3) 한국노비콘

소음진동방지시설공사 기업으로 자동차 방음 자재를 생산 및 판매 진행하는 온라인사업부 '방음나라'를 두고 있다. 주요 취급 품목으로는 각종 방음·흡음·차음 재료가 있다.

한국노비콘			
대표자	현연섭	설립일	2014.12
소재	경기도 화성시 정남면 덕절창말길 2		
Tel)	1633-0387	H.P	www.soundproof.kr
튜닝 취급 제품	차음재/흡음충진재, 폴리에스터 흡음재, 폴리우레탄 흡음재, 아트보드, 방염페브릭, 방음매트·방진패드 등		
매출액	2016	22억 2천만원	
	2017	31억 4천만원	
	2018	30억 2천만원	
종사자 규모	8명		

4) 제이투코리아

제이투코리아는 미국, 유럽, 일본 등 각국의 자동차 보수용품, 산업용품 기기 및 소모품을 수입하여 국내에 유통 및 판매 하고 있다. 집중 품목으로는 연마지, 방음·방청 시스템 등이 있다.

제이투코리아			
대표자	김한종	설립일	-
소재	경기도 시흥시 군자로 543번길 28		
Tel)	1833-5415	H.P	www.j2korea.co.kr
튜닝 취급 제품	언더코팅 건, 실란트 건, 방청제, 방청건, 내열 스프레이, 블로우건, 방음패드		

나. 브레이크

1) 상신브레이크

상신브레이크는 국내 최대 브레이크 마찰재 전문 기업으로 대구 본사를 비롯해 국내 4개 곳에 계열사를 두고 있으며 중국, 미국, 인도, 멕시코 등 5개의 판매법인 및 공장을 두고 있다. 주력 품목으로는 브레이크 패드와 각종 제동 장치, 하이브리드 내진 댐퍼 등이 있다.

상신브레이크			
대표자	김효일, 박세종	설립일	1975.08
소재	대구광역시 달성군 유가읍 테크노중앙대로 90		
Tel)	-	H.P	www.sangsin.com
튜닝 취급 제품	브레이크 마찰재, 쇼크 업소바 등		
매출액 (2017년 연결 기준)	3,8454 억원		

2) 바별카

바별카튜닝은 광주광역시 최초의 국토부 지정 우수 튜닝 업체로 브레이크 이외에도 각종 튜닝 파츠들을 취급하고 있다.

바별카튜닝			
대표자	김진철	설립일	1997.07
소재	광주광역시 동구 필문대로 251번지		
Tel)	062-366-4785	H.P	hbtgt.co.kr
튜닝 취급 제품	브레이크, 흡기 필터, 머플러(배기) 등		

3) 휠스핀

휠스핀은 대구/경북의 브레이크 · 서스펜션 · 휠/타이어 · 오일 토탈 관리 업체이며, 브레이크와 서스펜션, 바디, 휠과 타이어 튜닝 사업을 진행하고 있다.

휠스핀			
대표자	김은국	설립일	-
소재	경북 구미시 산동면 산호대로 41길 14-25		
Tel)	054-471-4356	H.P	-
튜닝 취급 제품	브레이크, 업스프링, 다운스프링, 토션바 등		

다. 서스펜션

1) 시명오토

시명오토는 1995년 자동차용품 유통사업을 시작해 5년의 개발 기간을 거친 티뷰론용 차고 조절식 쇽업쇼버로 소비자와 처음 만나게 되었다. 이후 정비, 용품, 튜닝, 카오디오, 서스펜션 등 총 5개 분야에 진출했으나, 현재는 서스펜션 관련 제품을 집중적으로 전담 운영하고 있다.

시명오토			
대표자	-	설립일	1995.01
소재	경기도 용인시 기흥구 고매동 518-1		
Tel)	031-274-1941~2	H.P	www.smasus.co.kr
튜닝 취급 제품	서스펜션		

2) 동해교역

동해교역은 서스펜션 개발 및 튜닝용품을 총판, 유통하고 있으며 장착, A/S 지점을 함께 운영하고 있다. 전문 취급 품목으로는 다운스프링, 업스프링, 쇼크 업쇼바, 스테빌라이저 등이 있다.

동해교역			
대표자	오우현	설립일	2003.04
소재	서울 중랑구 상봉동 126-17		
Tel)	02-2205-2059	H.P	www.dhtuning.co.kr
튜닝 취급 제품	쇼크 업쇼바, 다운스프링, 업스프링, 스테빌라이저, 브레이크, 흡배기 용품 등		
종사자 규모	2020년 기준		5명

3) 네오테크

네오테크는 쇼크 업쇼버 개발 및 제조, 판매 사업을 진행하고 있으며, 주요 취급 품목으로는 튜닝용 서스펜션, 브레이크, 외에 차량 셋업에 필요한 다양한 자동차 용품을 판매하고 있다. 또한 네오테크는 2017년 7월 브레이크 부품 분야에서 국내 최초로 '튜닝부품 인증'을 획득하였다.

네오테크			
대표자	이준명	설립일	2018.01
소재	경상북도 칠곡군 왜관읍 공단로 5길 32		
Tel)	054-971-9847	H.P	www.neosus.co.kr
튜닝 취급 제품	모노튜브 쇼크업 쇼버, 하체 링크, 브레이크		
매출액	2017	1억 4,964 만원	
	2018	21억 9,244 만원	
	2019	23억 8,204 만원	
종사자 규모	2019년 기준	18명	

4) ㈜HD시스템

㈜에이치디시스템은 쇼크 업소버를 기반으로 한 고기능의 튜닝 서스펜션을 개발 및 제조하고 있다. 대표적으로 가스 쇼크업소바를 자동차, 오토바이, ATV 등 다양한 분야에 적용하여 국내외에 유통하고 있다.

HD시스템			
대표자	최윤주	설립일	2000.03
소재	경기도 화성시 양감면 요당길 305		
Tel)	-	H.P	hsdshocks.co.kr
튜닝 취급 제품	서스펜스		
매출액	2011	86억 5,142 만원	
	2012	59억 3,874 만원	
	2013	47억 7,975 만원	
종사자 규모	2020년 기준	17명	

라. 에어로파츠

1) 엠앤에스이브이

M&S는 드레스업 튜닝 전문 기업으로 다수의 에어로파츠를 제작 출시, 유통하고 있다. 2017년 벤처기업에 선정되었다.

엠앤에스이브이			
대표자	윤정호	설립일	2012.07
소재	경기도 남양주시 화도읍 가곡리 327-3		
Tel)	031-567-8778	H.P	www.mscarart.com
튜닝 취급 제품	디퓨저, 스플리터, 스포츠 프론트, 사이드 파츠, 그릴 등		
자본금	10억원	매출액	연 7억
종사자 규모	2020년 기준	7명	

2) 제스트

제스트는 에어로파츠 중 에어댐 장착, 도색, A/S 방면에서 중점적으로 사업을 진행하고 있으며 나아가 에어댐을 직접 제작하고 차량을 도색하는 등 사업 전반을 확장했다.

제스트			
대표자	이현중	설립일	2002
소재	대구 달성군 하빈면 하산4길 77		
Tel)	070-8861-8289	H.P	www.zest-aeroparts.co.kr
튜닝 취급 제품	에어댐		

3) 에어로나인

에어로나인의 주요 사업 내용은 자동차 튜닝 파츠 디자인 및 제작과 그 외 자동차 관련
사출제품 도소매 유통이다.

에어로나인			
대표자	박윤석	설립일	2015.05
소재	충청북도 청주시 서원구 장성동 49-1		
Tel)	02-837-0089	H.P	-
튜닝 취급 제품	바디 킷, 사이드 스커트, 프론트 립, 디퓨저, 스포일러 등		

4) 로드런스

로드런스는 자동차 드레스업 전문 디자인 회사로 유러피안 스타일을 표방하고 있다. 주요
취급 품목으로는 드레스업 튜닝 파츠들이 있다.

로드런스			
대표자	김영진	설립일	-
소재	충청북도 청주시 흥덕구 수의동 113-1번지 2호		
Tel)	043-224-2944	H.P	www.roadruns.co.kr
튜닝 취급 제품	라디에이터 그릴, 프론트 립 에어댐, 드레스업 킷, 엠블렘, 스티커 등		

마. 흡·배기 장치

1) 토콘

토콘은 출력 상승 관련 터보의 흡배기 튜닝과 브레이크 튜닝을 전문으로 진행하는 기업이다. 중점 업무는 흡기 및 배기 시스템 개발 및 장착, 과급 시스템 개발 및 장착과 같다.

토콘			
대표자	강정태	설립일	2006.10
소재	경기도 용인시 처인구 모현면 일산리 399-4 토콘파워랩		
Tel)		H.P	-
튜닝 취급 제품	흡기 인테이크 키트, 블로우오프밸브 플레이트·아답터, 단조 컨로드, 엔진 오일쿨러 등		
종사자 규모	2020년 기준		5명

2) 루미노스

루미노스는 커스텀 흡/배기, 퍼포먼스 튜닝, 수입차 바디 킷, 차량광고랩핑, HSD서스펜션 오버홀(A/S) 등 전반적 자동차 관련 튜닝을 전문으로 진행하는 기업이다.

루미노스			
대표자	김상준	설립일	2006.09
소재	대전 유성구 덕명동 522-3		
Tel)	042-533-0972	H.P	www.10dc.co.kr
튜닝 취급 제품	머플러, 에어댐, 라디에이터 그릴, 스포일러, 디퓨저, 아이라인 등		

3) 메인텍

　메인텍은 흡배기 튜닝 중 배기 튜닝 파츠를 중점적으로 매니폴드, 인터쿨러, 터보, 머플러 등을 개발하고 판매하는 기업이다.

메인텍			
대표자	전훈	설립일	2005.10
소재	경기도 포천시 가산면 가산로 129-11 (방축리) 129-11		
Tel)	031-542-5720	H.P	http://maintec.co.kr
튜닝 취급 제품	머플러, 가변배기세트, 터보 다운파이프, 터빈, 흡기 인테이크 세트 등		

4) 102커스텀

　102커스텀(102COSTOM)은 서울 배기 머플러 전문 튜닝샵 기업으로 각종 수입 파츠와 수입 머플러, 바디파츠, 서스펜션, 엔진오일, 브레이크 튜닝 기술력도 갖추고 있다.

102커스텀			
대표자	강민수	설립일	1989.07
소재	서울 성동구 성수동2가 289-18번지		
Tel)	-	H.P	-
튜닝 취급 제품	머플러, 전자배기음튜닝 등		

바. DIY 액세서리

1) 엘이디라이텍

엘이디라이텍은 운송장비용 조명장치 제조업 업체로서 집중 품목 군으로는 자동차 조명기구로 일반 실내조명을 선두로 산업용 특수 명, 경관조명부터 폭넓은 제품 포트폴리오로 진입 시장을 확대하였다.

LED라이텍			
대표자	유준상/유태경	설립일	2004.10
소재	세종시 부강면 금호선말길 81		
Tel)	044-716-2100	H.P	www.ledlitek.co.kr
튜닝 취급 제품	무드 램프, 리어 콤비네이션 램프, 스탑 램프, 사이드 마커 램프, 오버헤드 콘솔 램프, 데이터임 런닝 램프, 포그 램프, 헤드 램프 등		
종사자 규모	2020년 기준		102명
매출액	2017년		433억 2,437만원
	2018년		540억 7,132만원
	2019년		903억 3,820만원

2) 시그마(주)

시그마는 2007년에 자본금 15억으로 설립된 시그마이노베이션그룹에 소속되어 자동차 실내조명사업을 진행하고 있는 기업이다. 또한 시그마는 미래 모빌리티 기술을 연구하고 공급하고 있다.

시그마(주)			
대표자	우정훈	설립일	2006.11
소재	한국지사/서울 구로구 주낭로-14길 31 신성빌딩 403 31		
Tel)	+82 70 4686 9566	H.P	www.sigmaintl.com
튜닝 취급 제품	에어백 엠플럼, 베젤, 계기판 장식, 콘솔 뚜껑 핸들, 컵 홀더, 도어 램프, 햅틱, 스피커 그릴 등		
하기 내용 존재			

종사자 규모	2019년 기준	81명
매출액	2017년	260억 2,635만원
	2018년	299억 3,858만원
	2019년	422억 9,678만원

3) ㈜남영전구

남영전구는 53년 전 백열등을 생산하여 자동차용 할로겐전구를 개발하였고 이어 LED 조명을 생산해내 그 품질을 인정받은 바, 2014년도에는 토요타 자동차와 할로겐전구 공급 계약을 체결하였다.

남영전구			
대표자	김철주	설립일	1983.03
소재	서울특별시 강서구 공항대로 467 송원빌딩		
Tel)	02-3661-3278	H.P	www.namyung.co.kr
튜닝 취급 제품	HID 전조등, 할로겐 전조등, 플라즈마 제논램프, 제동등&방향지시등, 소형 등 등		
종사자 규모	2019년 기준		132명
매출액	2017		602억 6,809만원
	2018		637억 2.376만원
	2019		592억 4,725만원

06

국내 현행 제도 및 분석

6. 국내 현행 제도 및 분석

가. 제도 마련 배경

튜닝산업협회에 따르면 튜닝 활성화를 위해 마련된 튜닝부품 인증제도가 오히려 튜닝 산업계를 위축하고 있다고 주장했다.

현재 경미한 구조*장치 항목에 포함된 튜닝부품인증은 국토교통부 자동차협회만 할 수 있다. 또한, 튜닝부품인증제도는 임의 인증일뿐 필수는 아니다. 공인 시험기관의 시험서 를 제출하고 튜닝승인 및 검사를 받으면 튜닝을 할 수 있다. 하지만 튜닝산업협회에 따르면 문제는 튜닝부품을 차종별로 개별 인증 받아야 한다는 것이다.

현재, 튜닝산업협회는 회원사 내수 및 수출 지원을 위해 제품인증 국제표준에 따라 튜닝제품 성능과 품질을 확인하는 단체 품질인증제도(K-TUNE 마크)를 시행하고 있다. 국제기준, 국가표준 및 국토부 자동차 안전 기준을 근거로 품질인증 기준을 차 종이 아닌 형식별로 정하고 공장 심사 및 국가 공인 시험기관의 시험 평가를 거쳐 인증하고 있다.

1) 제도

① 승용 · 화물 · 특수차도 캠핑카 튜닝 허용

지금까지 현행법상 캠핑카가 승합자동차(11인승 이상)로 분류되어 있어 11인 이상의 승합차만 캠핑카로 튜닝이 허용되어 왔다. 그러나 이제는 모든 차종에 대한 캠핑카 튜닝이 허용된다.

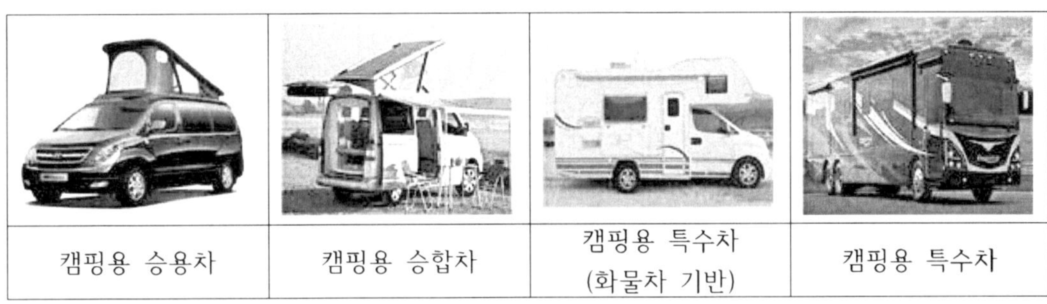

캠핑용 승용차	캠핑용 승합차	캠핑용 특수차 (화물차 기반)	캠핑용 특수차

② 화물차 ↔ 특수차 간 차종 변경 허용

소방차, 방역차 등의 특수자동차는 화물차로 튜닝할 경우 충분히 재사용이 가능하지만 지금까지는 안전상의 이유로 튜닝을 금지해 왔다. 하지만 양 차종의 차체 및 차대 그리고 안전기준 등이 유사하고 수요도가 높은 점을 근거로 화물차와 특수차 간 의 차 종류를 변경하는 것을 허용한다. 특히 국토교통부는 사용 연한이 최대 10년으로 제한이 있는 소방차 등의 경우 개조를 통해 자원 낭비를 막고 연간 2천200억원(약 5천대) 규모의 튜닝 시장 창출 효과를 기대할 수 있다고 전했다.

③ 튜닝승인은 면제하고 튜닝검사만 실시

기존 승인 및 검사 대상이었던 동력전달장치, 등화장치 등 8개 항목을 튜닝이 정형화되어 있고 안전문제가 상대적으로 적은점을 감안하여 앞으로는 튜닝 승인은 면제하되, 안전성 확보 차원에서 검사만을 거치기 시작하였다.

이러한 튜닝 사전 승인은 절차를 2020년부터 2021년까지 단계별로 시행되면서, 연간 총 튜닝 건수인 약 16만여 건 중 44%에 이르는 7만 1천여 건이 승인대상에서 자유로워졌다.

단계	구분	주요 항목
1차 (2020년)	물품적재 장치	픽업덮개 설치 (나머지는 승인 유지)
	원동기/동력전달장치	자동 · 수동변속기 등 (원동기는 제외)
	등화장치	안개등, 경광등, 주간주행등
	소음방지장치	튜닝머플러 등
2차 (2021년 이후)	원동기/동력전달장치	원동기교환, 터보차져(T/C), 인터쿨러(I/C), 에어크리너 등
		실린더블록교환, 저공해가스(LPG,CNG) 엔진변경
	조향장치	조향장치 위치변경, 핸들변경
	제동장치	디스크 등
	연결 및 견인장치	트레일러 힌치, 핀틀후크 등
	배기가스 발산방지 장치	배출가스저감장치 등

④ 튜닝승인 및 검사 예외사항 확대

2019년 5월부터 튜닝 현장의 의견 수렴과 한국교통안전공단의 안정성 검토를 통하여 추가로 27개의 경미한 튜닝 항목을 발굴하였다. 이 27개의 항목은 안전기준에 적합할 경우 승인 및 검사를 받지 않고도 자유롭게 장착하였다.

⑤ 튜닝부품 인증 확대

2019년 12월 전조등 튜닝용 LED광원, 조명휠캡, 중간소음기 품목 확대하면서 2020년 4월에는 연결장치, 차량용 공기청정기 와 2021년 3월 LED조명 그릴등 튜닝 인증 부품의 지속작인 품목 확대를 통한 꾸주한 성장을 이루고 있다.

이로인해, 튜닝부품인증제도의 개선으로 2019년 튜닝용 인증부품 판매대수가 4,076건이었고, 지난해 튜닝용 인증부품 판매 대수는 약 1,000%가 증가한 4만 1,836건이었다. 올해 8월 기준 튜닝용 인증부품 판매대수는 지난해 대비 200% 증가한 6만 1,196건으로 폭발적인 증가를 보여주고 있다.

더불어 인증부품도 지속적으로 증가하면서, 2019년 튜닝부품 인증건수는 16건이었고, 지난 해는 튜닝부품 인증건수가 137건 으로 8.5배 증가했다. 또한, 최근 튜닝부품 인증건수는 162 건으로 지속적인 증가추세에 있음을 보여주고 있다.[12]

   2) 발전 방안

   현재 도입 중인 **튜닝부품 인증 제도**는 국내법인「자동차관리법」에서 뿌리를 두고 있다. 이 에 국내 기준을 바탕으로 인증을 취득한 기업들은 제품 수출 시 수출국에 따라 그 과정에서 추가적으로 해외 인증을 다시 받아야 하는 상황이 벌어질 수 있다. 자칫 수출 기업이 이중으 로 인증 비용과 준하는 시간을 쏟는 경우가 발생하는 것이다.

   전에는 그동안 규제로 인해 무조건 불법이었다. 국내튜닝산업을 위한 첫 발걸음은 2012년 부터 2016년까지 튜닝부품 인증제 등 자동차 튜닝 활성화를 위한 정책이 반영하여 국내 튜닝 산업의 활성화를 위한 튜닝산업 연구가 시작되었다.

   이로인해, 정부의 규제 개혁을 통해 지난해 캠핑카의 등록대수가 2019년 2,000여대 수준 에서 올해 8월 기준 7,700여대로 3.5배가 증가하는 등 튜닝 시장이 확대되면서 튜닝의 다양 성이 확보됐고, 관련 일자리 증가와 부품산업등의 규모를 키우는 효   과를 보고 있다.

   두 번째로는 튜닝협회, 정부 상담역과 튜닝 인증부품 활성화에 앞장섰다.
   튜닝협회는 튜닝산업 관련 정부의 상담역을 충실히 하며, 현장의 소리를 전하는 역할과 불 합리한 규제를 개선하는 일에 적극 적으로 나서왔다. 현장의 목소리를 전하기 위해 튜닝협회 는 튜닝카 경진대회, 자동차 부품제조사와 튜닝부품제조사 간담회 개최 등의 활동을 하는 등 노력을 하고 있다.
   더욱이, 지난 2019년 국토부가 자동차 튜닝 활성화 대책을 통해 전조등, LED광원, 조명 휠 캡, 증간소음기 등의 튜닝부품에   대한 인증기준을 마련하면서 더욱 튜닝인증부품이 많아지 고 있다. 튜닝인증부품을 사용하면 일반 소비자들도 아무런 문제와 튜닝 승인이라는 복잡한 절차를 밟지 않아도 자동차 튜닝을 할 수 있어 좋은 호응을 시장애서 받고 있고, 튜닝인증부 품의 확대가 필요하다.
   현재, 연료장치와 소음기 일부와 드레스업 튜닝의 경우는 별도의 승인절차를 진행해야 한 다. 그러나 화물차 바람막이, 브레이크 패드, 루프캐리어 등은 승인이 필요하지 않는 튜닝 항 목이다. 이외에 연결 장치, 조명 엠불럼, 소음기, 주간 주행등, 브레이크 캘리퍼, 영상장치 머 리지지대 등은 기존에는 인증을 별도로 받아야 했지만 튜닝인증부품을 사용할 경우 별도의 승 인 정차   없이 사용이 가능해졌다.   [13]

---

12) 자동차 튜닝 부품인증 시장 확대/ 네이버포스트
13) 합법튜닝 방법 '튜닝인증부품'사용/ 네이버포스트

07

자동차 튜닝 시장 전망

7. 자동차 튜닝 시장 전망

가. 국내

1) 성장 기대 규모

자동차 튜닝 시장이 꾸준히 성장함에 따라 금융회사들이 미래 먹거리로 자동차 튜닝업을 주목해야 한다는 분석이 나왔다.

한국의 튜닝 시장 규모는 지난 2016년 3조5000억 원에서 연평균 4.2%씩 성장해 오는 2025년 5조5000억 원 규모로 성장 할 것으로 예상된다.[14]

현재 국내 튜닝 시장 규모는 넓은 허가를 인정하는 네거티브 규제를 채용하는 해외 국가들과 달리 '현재의 법*제도 하에서 는 튜닝산업이 가지고 있는 가능성과 잠재력을 충분히 발휘하기 어렵다'라는 이유로 산업이 활성화되지 못해 타 주요 자동차 생산국과 비교해 상대적으로 작은 편이다. 2020년 기준으로 미국 튜닝 시장은 39조원, 독일은 26조원, 일본은 16조원 규모에 달한다.

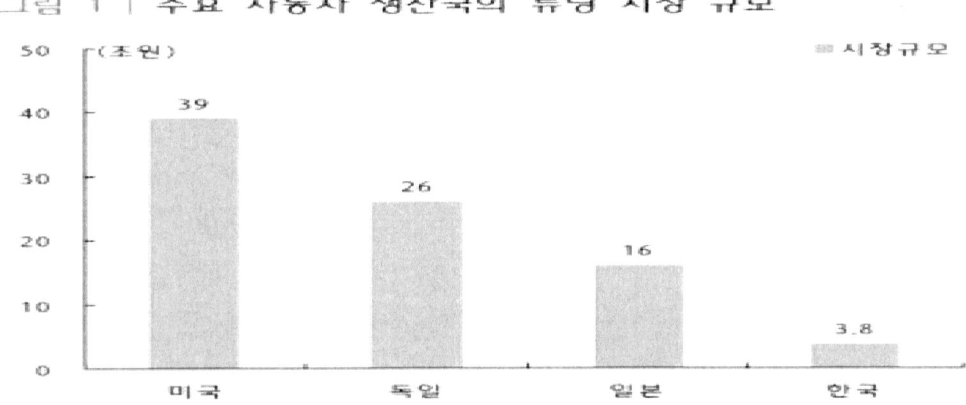

그림 92 주요 자동차 생산국의 튜닝 시장 규모

2016년	2017년	2018년	2019년	2020년 10월
610	1,902	2,646	2,195	5,977
1,178	3,080	5,726	7,921	13,898

그림 93 연도별 캠핑카 튜닝대수 (2016~2020)

---

14) 자동차튜닝시장규모/ 아시아경제

공단에 따르면, 올해 2월 28일까지 다양한 차종을 캠핑카로 튜닝할 수 있도록 규제가 완화 된 후 10월 31일까지 캠핑카 튜닝 대수는 5천 3118대로 집계 됐다. 이는 전년 동기 보다 267.4% 증가한 것이다. 이처럼 튜닝 대수가 급증한 것은 정부의 튜닝 규제 완화로 캠핑카로 튜닝 할 수 있는 차종이 확대된 데 따른 것으로 풀이 된다.

또한, 국토교통부는 지난 5월부터 화물차의 차종을 변경하지 않아도 차량 적재함에 캠퍼를 장착할 수 있도록 관련 규제를 추가 완화했다. 코로나 19사태의 여파로 숙박업소를 이용하지 않고 자신의 캠핑카에서 숙박을 하는 비대면 관광에 대한 커진 점도 캠핑카 튜닝에 활기를 불어 넣은 요인으로 보인다.

이로인해, 공단에서는 규제완화로 국내 튜닝 산업이 활성화되면서, 제도 정비를 통해 건전한 튜닝문화가 조성되도록 노력하겠다고 말했다.[15)

2) 후속 방안

2015년 이후부터 우리나라의 자동차 튜닝에 대한 정부의 규제가 현실화되면서 자동차 애프터마켓의 규모가 확장되고 있다.
더욱이 자동차 애프터마켓을 움직이는 자동차 관련 튜닝산업이 2015년 이전 보다는 개선됐지만 아직도 갈 길이 멀다는 것이 관련 산업업체들과 전문가의 입장이다.

국내의 자동차 애프터마켓은 약 110조 규모의 시장을 형성하고 있다. 이 중 자동차 튜닝 관련 산업 규모는 2019년 기준 8,000억에 이르고 있다. 2019년 8월 국토교통부의 자동차 튜닝 활성화 대책 및 2019년 12월 추가 대책을 통한 제도 개선으로 국내 튜닝산업은 다양한 분야에서 활성화가 이루어지고 있는 상황이다.[16)

---

15) 캠핑카 튜닝 3.7배 증가/ 네이버 카페
16) 자동차튜닝부품인증시장 확대/ 네이버포스트

결론

8. 결론

튜닝에 절대적인 정답은 없다. 패션 피플들이 자신의 몸에 맞는 리폼을 즐겨 입는 것과 같이 튜닝의 가장 중요한 점은 '자기만족이'다. 허나 튜닝에 앞서 모든 튜닝에 따르는 책임은 자신에게 있고, 타인에게 피해를 주지 않는 안전한 튜닝을 지향해야 한다는 점을 간과해서는 안 된다.

자동차 튜닝은 취미나 스포츠 중 가장 지출 단위가 큰 분야인 만큼 튜닝을 논하기 전에 뚜렷한 목표 설정이 필수다. 주객전도 현상을 유의해야 할 명분은 꼭 금전적인 방면이 아니더라도 안전도와 성능을 최우선으로 이루어져야 한다는 사실로 충분하기에 꼬리에 꼬리를 무는 튜닝을 끊어내지 못하고 있다면 이 사실을 상기시켜야 한다.

불모지로 남아 손을 쓸 수 없던 국내의 튜닝 시장은 이제는 하나의 산업으로 인정받기 시작하는 첫 걸음을 떼고 있다. 규제 개혁으로 밑바닥을 다지고, 전문 인력을 양성하고, 전문 전시와 대회 개최 등 튜닝에 대한 인식 개선도 다방면에서 부단히 이루어지고 있다. 얼어붙어 있던 시장에 서서히 봄볕이 드리우고 있는 것이다.

마지막으로, 순정 차량은 출고 시 안전테스트를 거쳐 나온 차이므로, 튜닝을 하더라도 안전에 문제가 된다면 튜닝하지 않은 것보다 못하다. 생명과 직결될 수 있는 튜닝은 안전이 최우선임을 잊어서는 안 될 것이다.

09

참고문헌

9. 참고문헌

[1] 국토교통부 (시도별 자료)

[2] 국토교통부 YOUTUBE, ON통/2020.03

[3] 지속적 규제 혁신으로 자동차 튜닝 활설화/ 더 중앙 경제

[4] 차박/ 네이버 나무위키

[5] 한국교통안전공단 웹사이트

[6] 현대 HMG 저널

[7] howstuffwork

[8] ECU와 ECU 맵핑이란?/ 오토인사이드

[9] 더블 위시본 서스펜션/ 나무위키

[10] Autotechlabs YOTUBE

[12] 에어로파츠/ 네이버 지식백과

[13] 자동차 튜닝 부품인증 시장 확대/ 네이버포스트

[14] 합법튜닝 방법 '튜닝인증부품'사용/ 네이버포스트

[15] 자동차튜닝시장구모/ 아시아경제

[16] 캠핑카 튜닝 3.7배 증가/ 네이버 카페

[17] 자동차튜닝부품인증시장 확대/ 네이버포스트

초판 1쇄 인쇄 2020년 08월 07일
초판 1쇄 발행 2020년 9월 1일
개정판 발행 2021년 1월 3일

편저 비피기술거래 비피제이기술거래
펴낸곳 비티타임즈
발행자번호 959406
주소 전북 전주시 서신동 780-2 3층
대표전화 063 277 3557
팩스 063 277 3558
이메일 bpj3558@naver.com
ISBN 979-11-6345-323-9 (13550)

이 도서의 국립중앙도서관 출판예정도서목록(CIP)은 서지정보유통지원시스템홈페이지
(http://seoji.nl.go.kr)와국가자료공동목록시스템 (http://www.nl.go.kr/kolisnet)에서 이용하
실 수 있습니다.